JISUANJI

YINGYONG

JICHU

GONGZUOYE

计算机应用基础

工作页

主　编　刘春芝

副主编　余　丹　陈　勇

暨南大学出版社
JINAN UNIVERSITY PRESS

中国·广州

图书在版编目（CIP）数据

计算机应用基础工作页 / 刘春芝主编；余丹，陈勇副主编 . —广州：暨南大学出版社，2017. 8
（2020. 2 重印）
ISBN 978 – 7 – 5668 – 2146 – 1

Ⅰ. ①计…　　Ⅱ. ①刘…②余…③陈…　　Ⅲ. ①电子计算机—基本知识　Ⅳ. ①TP3

中国版本图书馆 CIP 数据核字（2017）第 146531 号

计算机应用基础工作页
JISUANJI YINGYONG JICHU GONGZUOYE
主　编：刘春芝　副主编：余　丹　陈　勇

出 版 人：徐义雄
责任编辑：胡艳晴
责任校对：徐晓越
责任印制：汤慧君　周一丹

出版发行：暨南大学出版社（510630）
电　　话：总编室（8620）85221601
　　　　　营销部（8620）85225284　85228291　85228292（邮购）
传　　真：（8620）85221583（办公室）　85223774（营销部）
网　　址：http://www.jnupress.com
排　　版：广州良弓广告有限公司
印　　刷：广州市穗彩印务有限公司
开　　本：787mm×1092mm　1/16
印　　张：11. 25
字　　数：272 千
版　　次：2017 年 8 月第 1 版
印　　次：2020 年 2 月第 5 次
定　　价：38. 00 元

（暨大版图书如有印装质量问题，请与出版社总编室联系调换）

目　录

项目六　使用表格和各种图形对象

项目七　编辑长篇 Word 文档

项目八　Excel 数据的输入与编辑

项目九　Excel 单元格与工作表的管理

项目十　Excel 表格格式的设置

项目十一　Excel 公式与函数的使用

项目一 认识计算机

班级：   日期：

姓名：   指导教师：

学习目标：

1. 能叙述计算机的基本组成结构和各部分的功能。
2. 熟悉流行的计算机组件的价位、性能。
3. 能与客户沟通，根据客户的需求列出硬件配置清单，并能说出该配置的特点。
4. 会安装操作系统和常用软件。

建议学时： 2学时。

工作情境描述：

计算机是日常工作中必不可少的工具，我们需要为自己配置一台性价比高的计算机。在配置前我们必须对计算机有一定的了解，包括计算机的发展、应用、处理信息在计算机内部的表示方法等。

工作流程与活动：

1. 计算机硬件的识别。
2. 根据用途和价格选择配置组装计算机，并列出清单。
3. 系统常用软件的安装。

任务1 配置一台个人计算机

学习目标：

1. 能叙述硬件的组成。
2. 能叙述各部件的功能。
3. 熟悉流行的计算机组件的价位、性能。
4. 根据用途和价格选择配置组装计算机，并列出清单。

建议学时： 2 学时。

学习准备：

用户手册、螺丝刀、用于拆解的台式计算机。

学习过程：

 引导问题

1. 你见过或了解哪些类型的计算机？

> **提示**
>
> **计算机发展历程**
>
> 春秋时期出现的算筹是我国古代最早用来计数和计算的工具，用它摆成不同的形式来表示不同的数。唐朝有了使用时间最长的计算工具——算盘。
>
> 欧洲直到 17 世纪才出现计算尺。
>
> 1946 年 2 月，世界上第一台电子计算机 ENIAC 在美国的宾夕法尼亚大学诞生。发明人是美国人约翰·阿塔那索夫教授。美国国防部用它来进行弹道计算。它是一个庞然大物，用了 18 000 个电子管，占地 170 平方米，重达 30 吨，耗电功率约 150 千瓦，每秒钟可进行 5 000 次运算，这在现在看来微不足道，但在当时却是破天荒的。ENIAC 以电子管作为元器件，所以又被称为电子管计算机，是计算机的第一代。电子管计算机由于使用的电子管体积很大，耗电量大，易发热，因而工作的时间不能太长。

2. 你认识下面这些品牌标志吗？请把你认识的计算机品牌标志逐个写在空白处。

（1）＿＿＿＿＿＿＿；（2）＿＿＿＿＿＿＿；（3）＿＿＿＿＿＿＿；（4）＿＿＿＿＿＿＿；
（5）＿＿＿＿＿＿＿；（6）＿＿＿＿＿＿＿；（7）＿＿＿＿＿＿＿；（8）＿＿＿＿＿＿＿；
（9）＿＿＿＿＿＿＿；（10）＿＿＿＿＿＿＿；（11）＿＿＿＿＿＿＿；（12）＿＿＿＿＿＿。

3. 你用计算机做过什么事？（举例说说）

提示

计算机用途可试着从以下几个方面讨论：

（1）科学计算；

（2）信息处理；

（3）计算机辅助设计与计算机辅助制造（CAD/CAM）；

（4）计算机辅助教学与计算机管理教学；

（5）自动控制；

（6）多媒体应用；

（7）电子商务。

4. 说出台式计算机的部件名称并描述其功能。（填图）

图片	部件名称	部件功能

5. 通过观看视频或教师的演示和讲解，在教师指导下打开台式机机箱，识别计算机部件并记录完成下表。

序号	部件名称	部件功能
1		
2		
3		
4		
5		
6		
7		
8		
9		
10		

提示

认识微型计算机的组成

我们常用的微型计算机系统通常包括主机、输入设备和输出设备三个部分。输入设备和输出设备统称外部设备。

主机：最主要的部件是中央处理器（CPU）和存储器。

输入设备：把人们想告诉计算机的信息和计算机所需要的信息变成计算机能接收的数据。

输出设备：把计算机处理好的信息变成人们所需要的形式。

计算机系统组成包括硬件系统和软件系统两大部分，二者相互依存，缺一不可。没有软件的计算机不能做任何有意义的工作。

查询与收集

了解计算机配置的情况，搜集目前流行的 CPU、内存、主板的型号和主要参数信息，填写以下电脑配置表格。

配置	品牌型号	数量	价格
CPU			
主板			
内存			

（续上表）

配置	品牌型号	数量	价格
硬盘			
光驱			
液晶显示器			
机箱			
电源			
键盘套装			
合计金额			

拓展提高

1. 通过实物或查找资料了解投影仪、扫描仪、手写板、触摸屏等设备的使用方法和特点。
2. 我们组装一台计算机时，应该考虑哪些问题？
3. 各种计算机的输入、输出设备，我们应该怎样选择才更合理？

评价反馈：

任务 1　配置一台个人计算机		
评价项目	分值	得分
1. 能叙述硬件的组成	2	
2. 能叙述各部件的功能	2	
3. 能认出计算机中各部件，并说出其名称及功能	3	
4. 遵守管理规定及课堂纪律	1	
5. 学习积极主动、勤学好问	2	
教师评价（A、B、C、D）：		

学习总结：

项目二　遨游 Internet

班级：　　　　　　　　　　　　日期：

姓名：　　　　　　　　　　　　指导教师：

学习目标：

1. 认识 Internet 是什么。
2. 知道通过 Internet 可以做什么。
3. 知道如何发挥 Internet 的最大作用。
4. 知道如何让 Internet 更好地为我们工作。
5. 认识病毒的特征与危害，会使用杀毒软件查杀与预防病毒。

建议学时：　6 学时。

工作情境描述：

在现代社会中，人们需要快速了解世界各地的信息，因特网（Internet）作为一种崭新的信息交流工具，满足了这种需要。因特网是一个全球性的网络，代表着全球范围内一组无限增长的信息资源，入网的用户可以是信息的消费者，也可以是信息的提供者。因特网将我们带入了一个完全信息化的时代，它正改变着人们的生活和工作方式。

工作流程与活动：

1. 认识 Internet 是什么。
2. 使用杀毒软件查杀病毒。
3. 利用压缩软件压缩和解压指定文件。
4. 认识多媒体技术。

任务 1　认识 Internet

学习目标：

1. 认识 Internet。
2. 学会使用搜索引擎找到自己需要的资料，并学会存储和下载网页内容。
3. 学会收发电子邮件及使用即时通信软件 QQ。

建议学时： 2 学时。

学习准备：

预先了解上网须知，计划好需下载的软件。

学习过程：

 引导问题

1. 你上网吗？你上网做什么？（举例说说）互联网是如何维持工作的？

提示

互联网的工作原理

　　当你想进入万维网上一个网页，或者获取其他网络资源的时候，你首先要在浏览器上键入你想访问网页的统一资源定位符（Uniform Resource Locator，缩写 URL），或者通过超链接方式链接到那个网页或网络资源。这之后的工作首先是 URL 的服务器部分，被名为域名系统的分布于全球的因特网数据库解析，并根据解析结果决定进入哪一个 IP 地址（IP Address）。

　　接下来的步骤是为所要访问的网页，向在那个 IP 地址工作的服务器发送一个 HTTP 请求。在通常情况下，HTML 文本、图片和构成该网页的一切其他文件很快会被逐一请求并发回给用户。

　　网络浏览器接下来的工作是把 HTML、CSS 和其他接收到的文件所描述的内容，加上图像、链接和其他必须的资源显示给用户，这些就构成了你所看到的"网页"。

---

2. 你知道 IP 地址是什么吗？IP 地址和网址有什么关系呢？

3. 看看你知不知道这些域名所属机构。

. cn ＿＿＿＿＿＿＿　. jp ＿＿＿＿＿＿＿　. uk ＿＿＿＿＿＿＿　. us ＿＿＿＿＿＿＿

. com ＿＿＿＿＿＿＿　. net ＿＿＿＿＿＿＿　. org ＿＿＿＿＿＿＿　. int ＿＿＿＿＿＿＿

提示

网络之间互连的协议（IP）

　　网络之间互连的协议也就是为计算机网络相互连接进行通信而设计的协议。在因特网中，它是能使连接到网上的所有计算机网络实现相互通信的一套规则。

提 示

域名

用数字表示的计算机网址难以记忆，为了确保网上计算机标识的唯一性，因特网规定了一套命名机制，称为域名（网址）。这就相当于一个家庭的门牌号码，别人通过这个号码可以很容易找到你。

4. 利用网络，查找"品牌计算机标志和含义"，用 Word 将其编辑成一篇文章。

提 示

搜索引擎使用方法：打开浏览器，登录百度搜索引擎网站 www.baidu.com，输入所需要查找的关键词即可。

百度的搜索对象包括新闻、网页、贴吧、MP3、图片等，默认的选择是"网页"，如图 2-1 所示。

当在搜索引擎输入"品牌计算机标志和含义"时，搜索到约 1 290 000 个条目。图 2-2 所示为搜索引擎的查询结果，从中可知搜索结果多于 10 页。

图 2-1　　　　　　　　　　　　图 2-2

5. 上网浏览时，我发现一个很好的自学网站 http://www.51zxw.net/，为了方便以后经常访问，请你帮我收藏这个网页。

提示

以 IE 浏览器为例，收藏网页只需单击"收藏夹"菜单，选择"添加到收藏夹"即可。被收藏的网页可以在下面的菜单中找到，如图 2－3 所示。

还可以利用"查看"菜单中的"历史记录"命令，查看以前浏览过的网页，如图 2－4 所示。

图 2－3

图 2－4

6. 在地址栏中输入 http://www.qq.com，找到 QQ 软件下载页面，自行下载并安装。

7. 申请和使用免费邮箱。

提示

申请和使用免费邮箱

利用搜索引擎，输入"免费邮箱申请"，提供免费邮箱的网站很多，可根据自己的喜好及要求进行选择。

进入 126 网易邮箱，点击"立即注册"按钮进行注册。

在"用户名"框中创建邮箱地址，填写自己的用户名，网站会自动判断输入的用户名是否可用，然后填写密码及其他信息。网站根据用户输入的用户名提供邮箱账号，供用户使用。

查询与收集

1. 搜索引擎有什么类别？怎样区分？

2. 搜索引擎关键字有怎样的组合使用方法？

3. 各大网站的电子邮箱有什么特点？

4. Outlook Express 和电子邮箱有什么区别？

5. 了解什么是"博客""播客""威客"，整理好资料，与全班同学分享。

拓展提高

好朋友小王准备假期带妈妈到海南自助游，希望你利用互联网上的信息给他们提供最好的路线及安排，他的要求如下：

（1）时间六天。

（2）希望在三亚住三天，需事先了解三亚的景点及合适的住宿。

（3）希望到海口附近自然景观游玩，品尝有特色的食品。

（4）预算为 5 000 元/人。

（5）攻略以邮件的形式发到他的邮箱。

评价反馈：

任务 1　认识 Internet		
评价项目	分值	得分
1. 搜索引擎的使用	2	
2. 网页内容的存储及下载	2	
3. 电子邮箱的申请及邮件发送	3	
4. 遵守管理规定及课堂纪律	1	
5. 学习积极主动、勤学好问	2	
教师评价（A、B、C、D）：		

学习总结：

_____

_____

_____

任务 2　使用压缩软件与杀毒软件

学习目标：

1. 认识常用工具软件的主要用途和功能。

2. 学会常用工具软件的使用技巧。

3. 会应用常用工具软件解决计算机使用过程中的一些问题。

4. 举一反三，学会利用计算机知识解决本专业领域中的问题。

建议学时： 2 学时。

学习准备：

学生可根据自己的实际情况先学习预备知识，探索安装杀毒软件的方法。

学习过程：

引导问题

1. 你认识病毒吗？（请注意是计算机病毒哦）

> **提示**
>
> 所谓的计算机病毒（Computer Virus）是指能够通过自身复制传播、起破坏作用的计算机程序。

2. 杀毒软件是如何杀毒的呢？你用过哪些杀毒软件？

> **提示**
>
> 　　杀毒软件的任务是实时监控和扫描磁盘。杀毒软件对被感染的文件有多种杀毒方式，例如被蠕虫感染的病毒可以直接清除，清除后的文件可以恢复正常。或者直接删除病毒文件，这些文件不是被感染的文件，它本身就含病毒，无法清除，可以直接删除文件。还可以通过禁止访问病毒文件来达到感染病毒的机会，或者将病毒删除后转移到隔离区，但是对于我们不知道是不是病毒的文件可以先不处理。

图 2 - 5

3. 启动 360 安全卫士，选择"快速扫描"。图 2 - 5 所示为 360 安全卫士病毒查杀界面。

提示

在这个窗口中可以看到正在扫描的文件、总体进度，以及发现有问题的文件。

360 安全卫士在病毒扫描完成后，会在对话框中显示扫描结果，此时，可点击"开始处理"按钮，对病毒进行处理。360 杀毒软件会首先清除文件所感染的病毒，如果无法清除，则会提示你删除感染病毒的文件。

在"处理状态"中你也可以看到 360 杀毒软件对查出的"威胁对象"的处理方法，最后点击"完成"按钮即可完成本次处理。

4. 我拍了很多高清照片，现在需要传送给远方的朋友，但照片容量太大，需要压缩处理，如何操作？

5. 常见的压缩格式有哪些？

提示

压缩软件是利用算法将文件有损或无损地处理，以达到保留最多文件信息，而令文件体积变小的应用软件。压缩软件一般同时具有解压功能。打开 360 压缩软件后，初始界面如图 2-6 所示。

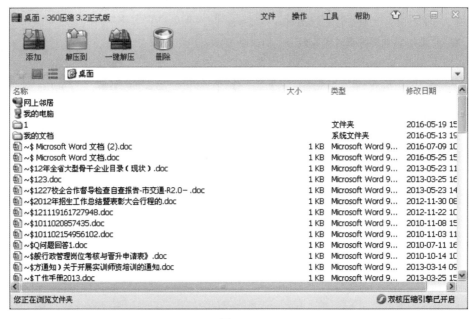

图 2-6

查询与收集

1. 如果你平时使用 WinRAR 来压缩文件，而你的朋友不会使用 WinRAR，但你的数据又确实必须压缩后才能够给他，请想办法解决这个问题。

2. 有时候大容量文件的压缩占用很长时间，我们能否设置压缩后自动关机呢？

拓展提高

1. 用杀毒软件查找出了病毒，但清除不了怎么办？

2. 杀毒软件中毒了怎么办？

3. 如何将文件添加到已存在的压缩文件中去？

4. 如何将几个文件压缩成一个文件？

评价反馈：

任务 2 使用压缩软件与杀毒软件		
评价项目	分值	得分
1. 杀毒软件的检测过程	2	
2. 杀毒软件的使用方法	2	
3. 压缩格式的认识	2	
4. 对文件进行压缩	1	
5. 对文件进行解压	1	
6. 遵守管理规定及课堂纪律	1	
7. 学习积极主动、勤学好问	1	
教师评价（A、B、C、D）：		

学习总结：

_____

_____

_____

任务3 多媒体技术应用

学习目标：

1. 认识多媒体的主要用途和功能。

2. 认识多媒体文件类型与文件名后缀的关系。

3. 探究 Windows 操作系统自带的媒体工具都能处理哪些类型的文件。

4. 能从日常的生活和学习中感受各种媒体及其作用，能从实践中归纳多媒体的含义和分析多媒体的特征。

建议学时： 2 学时。

学习准备：

    学生可根据自己的实际情况先学习预备知识，探索多媒体工具的使用方法。预先准备 2~3 个图片和音频、视频文件。

学习过程：

 引导问题

1. 多媒体文件的文件类型与文件名后缀有什么关系？

2. 多媒体技术中的"多媒体"都包括哪些表现形式？

> **提示**
>
>   打开"计算机"，打开"查看"或"工具"菜单中的"文件夹选项"，选择"查看"选项卡，将"隐藏已知文件类型的扩展名"前面的钩去掉。
>
>   观察操作系统中录音机、画笔和媒体播放器等多媒体工具是否正常安装。在"我的文档"中的空白处，单击鼠标右键，选择"新建"，创建一个图像文件 pic. bmp。

 查询与收集

查一查，Windows 操作系统自带的典型媒体工具都能处理哪些类型的文件呢？

拓展提高

我们身边的多媒体有哪些？

评价反馈：

任务 3　多媒体技术应用		
评价项目	分值	得分
1. 修改文件查看属性	2	
2. 多媒体工具的使用	3	
3. 多媒体文件类型的识别	3	
4. 遵守管理规定及课堂纪律	1	

（续上表）

任务3　多媒体技术应用		
评价项目	分值	得分
5. 学习积极主动、勤学好问	1	
教师评价（A、B、C、D）:		

学习总结：

_____

_____

_____

项目三　操作计算机

班级：　　　　　　　　　　　　日期：

姓名：　　　　　　　　　　　　指导教师：

学习目标：

1. 认识 Winows 7 操作系统。
2. 学会使用 Winows 7 资源管理器管理文件。
3. 学会管理个人 Winows 7 操作系统。

建议学时：　6 学时。

工作情境描述：

Windows 7 操作系统的面世是许多计算机用户的福音，相比之前的 Vista 系统，Windows 7 系统不仅更好看好用，而且运行速度更快。但 Windows 7 操作系统会不会像其他 Windows 系统一样仅仅是刚开始时运行飞快，随着使用时间的增长效率越来越低呢？想要保持自己的 Windows 7 操作系统一直运行如飞并非难事，只要我们学会使用就能很好地驾驭它。

工作流程与活动：

1. Windows 7 操作系统的安装。
2. 文件管理。
3. 定制具有个性化的工作环境。

任务 1　初识 Windows 7

学习目标：

1. 认识操作系统的基本功能和作用。
2. 学会 Windows 7 的基本操作和应用。

建议学时： 2 学时。

学习准备：

学生可根据自己的实际情况先学习预备知识，教师根据需要提供 Windows 7 系统安装盘。

学习过程：

👆 **引导问题**

1. 你认识下面这些操作系统吗？
   （1） DOS
   （2） Windows
   （3） UNIX、Linux
   （4） NetWare

2. 查阅资料，如果要通过光盘安装 Windows 7 系统，在安装前要做好哪些准备工作？请写出具体操作过程。

提示

运行 Windows 7 操作系统的最低系统要求是：
（1） 1GHz 以上 CPU；
（2） 1GB 以上内存；
（3） 20GB 以上可用硬盘空间；
（4） 显卡的显存最少 64MB。

3. 查看你所操作的计算机的硬件信息，并将查看到的信息截图保存。

4. Windows 操作系统中多种默认的字体也占用着不少系统资源，对于 Windows 7 性能有要求的用户建议删除不用的字体，只留下常用的，这对于减少系统负载、提高性能也是有帮助的。要完成系统默认字体的删除，我们该如何操作呢？

提示

打开 Windows 7 的控制面板，寻找字体文件夹。如果打开后你的控制面板显示的是详细信息，那么在右上角的"查看方式"处选择"大图标"或"小图标"，这样就可以顺利找到字体文件夹了。然后进入该文件夹中把那些自己从来不用也不认识的字体删除，删除的字体越多，你能得到的空闲系统资源就越多。如果你担心以后可能用到这些字体时不太好找，也可以不删除，将不用的字体保存在另外的文件夹中，放到其他磁盘中即可。

查询与收集

1. Windows 操作系统是一个多任务的操作系统，如果我们打开了很多窗口或程序，任务栏的空间可能不够用，能不能合并它们呢？找找方法。

2. 安装 Windows 7 后网络频繁掉线，是怎么回事呢？

提示

其实这不是 Windows 7 也不是驱动的错，而是为了省电，是 Windows 7 默认开启的一项设置。只要我们取消这一设置就不会出现这个问题了。进入控制面板→网络和共享中心→更改适配器设置，右击本地连接或者无线网络连接→属性→配置→电源管理，将"允许计算机关闭此设备以节约电源"前的钩取消，然后应用→确定，此问题就解决了。

拓展提高

将 . mp3 格式的音频文件设置成默认用 Windows Media Player 程序打开。

评价反馈：

任务 1 　初识 Window 7		
评价项目	分值	得分
1. Windows 7 系统安装条件	2	
2. Windows 7 的基本操作	3	
3. 系统管理和设置操作	3	
4. 遵守管理规定及课堂纪律	1	
5. 学习积极主动、勤学好问	1	
教师评价（A、B、C、D）：		

学习总结：

任务 2　文件管理

学习目标：

1. 学会运用 Windows 7 操作系统组织和管理文件资料。
2. 学会 Windows 7 的系统管理及设置操作。

建议学时： 2 学时。

学习准备：

学生可根据自己的实际情况先学习预备知识。

学习过程：

👆**引导问题**

1. 怎样限制"开始"菜单显示最近打开过的程序数量为 8 个，并把"计算器"附件程序添加到"开始"菜单中作为固定菜单？写出其操作步骤或将设置过程截图显示。

提示

任务栏是管理各个任务的工具，位于桌面底行，它的组成包括"开始"按钮，快速启动区域、任务按钮、语言栏、系统通知区域，要设置任务栏，只需要右击任务栏，在弹出的菜单中选择"属性"对话框进行设置。

2. 练习窗口的移动、大小改变等操作，写出其中至少一种操作方法。

3. 在 D 盘上建立一个以自己姓名命名的文件夹，将本项目工作页保存至该文件夹中，并将该文件夹在桌面上创建一个快捷方式。写出操作过程，并截图显示。

4. 对计算机的 E 盘进行磁盘清理并做磁盘碎片整理，将操作步骤截图显示。

🌐 查询与收集

打开窗口太多时，我们会被屏幕中浮着的过多窗口所困扰，能否把它们放在右边或左边呢？有什么快捷的方法？

📖 拓展提高

将扩展名为"．bmp""．jpeg"的图像文件关联到 Windows 照片查看器。

评价反馈：

任务 2　文件管理		
评价项目	分值	得分
1. 认识 Windows 7 操作系统的基本功能和作用	2	
2. 体会 Windows 7 的基本操作	3	
3. 学会运用 Windows 7 操作系统组织和管理文件资料	3	
4. 遵守管理规定及课堂纪律	1	
5. 学习积极主动、勤学好问	1	
教师评价（A、B、C、D）：		

学习总结：

_____

_____

_____

任务 3　定制个性化的 Windows 7 工作环境

学习目标：

1. 学会 Windows 7 的基本操作和应用。

2. 学会 Windows 7 的系统管理及设置操作。

3. 定制个性化的 Windows 7 工作环境。

建议学时： 2 学时。

学习准备：

学生可根据自己的实际情况先学习预备知识。

学习过程：

 引导问题

1. 桌面背景图片可以以幻灯片方式播放吗？

提示

　　频繁更换桌面背景可能比较麻烦，我们可以设置桌面背景幻灯片式播放。右键单击桌面→个性化设置→桌面背景，按住 CTRL 的同时选择图片，你还可以选择播放图片的时间间隔，可选择随机播放还是连续播放。

2. 如果你觉得任务栏占用了你屏幕的太多空间，你可以选择把图标变小吗？

3. 请尝试关闭 Windows Aero 特效。

提示

　　Windows 7 操作系统中的 Aero 特效是微软从 Vista 时代加入的华丽的用户界面效果，能够带给用户全新的感观，其透明效果能够让使用者一眼看穿整个桌面。Aero 的两项激动人心的新功能 Windows Flip 和 Windows Flip 3D，使你能够轻松地在桌面上以视觉鲜明的便利方式管理窗口。除了新的图形和视觉改进，Windows Aero 的桌面性能同外观一样流畅和专业，为用户带来简单和高品质的体验。该特效需要花费不少系统资源才能实现，如果你对系统的响应速度要求高过外观的表现，那么不妨关掉它吧！

　　如图 3 - 1、3 - 2 所示，右键点击桌面打开"个性化"设置，然后点击"窗口颜色"选项，在弹出窗口中去掉 Windows 7 默认勾选的"启动透明效果"，就可以关闭 Aero 特效，不过这样一来 Windows 7 的界面美观性将会到受影响。

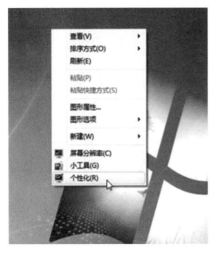

图 3 - 1

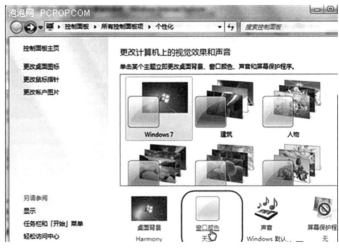

图 3 - 2

4. 怎样让系统时间托盘显示 AM/PM 符号?

 提示

　　Windows 7 默认按 24 小时制显示时间,如果你想要显示 AM/PM,按 WIN,输入 intl. cpl 打开"区域和语言"选项,选择"其他设置",在"自定义格式"下选择"时间",把"长时间"从 HH:mm:ss 改成 tt hh:mm:ss,再修改其下的 AM/PM 的符号标志。

5. 任务栏通常默认放置在桌面的底部,如果我想把它放在桌面的左边可以吗? 请写出操作步骤。

6. Windows 7 用户可以在工具集中选择某项功能,然后将其放置在桌面的任何部位。时钟工具显示当前时间,天气工具则会自动报告本地区的气候情况。给你的桌面添加一些小工具吧!

　　查询与收集

　　Windows 7 首次运行后会自动加载一些程序和进程,其中有部分是可以屏蔽掉的,这样可以减少系统不必要的运作,提高运行速度,如何清除自动加载的程序呢?

　　拓展提高

　　Windows 7 的任务栏与旧版 Windows 有很大不同。旧版中任务栏只显示正在运行的某些程序,Windows 7 中还可添加更多的应用程序快捷图标,几乎可以把开始菜单中的全部功能移植到任务栏上,请试一试。

评价反馈：

任务3　定制个性化的 Windows 7 工作环境		
评价项目	分值	得分
1. 桌面主题设置	2	
2. 任务栏设置	3	
3. 开始菜单设置	3	
4. 遵守管理规定及课堂纪律	1	
5. 学习积极主动、勤学好问	1	
教师评价（A、B、C、D）：		

学习总结：

项目四　Office 基本概述和 Word 基本操作

班级：　　　　　　　　　　　　日期：

姓名：　　　　　　　　　　　　指导教师：

学习目标：

1. 了解 Office2010 基础信息。
2. 熟悉 Word 2010 的操作界面。
3. 学会 Word 2010 自定义操作界面的操作方法。
4. 学会 Word 文档的基本编辑方法。

建议学时： 6 学时。

工作情境描述：

随着计算机在生活中的普及，Office 已经成为人们不管是生活还是工作中都不可或缺的工具，认识并掌握 Word 2010 的操作方法，将大大提高人们的工作效率。

工作流程与活动：

1. 通过认识和管理 Word 文档，了解 Office 基础信息，熟悉 Word 2010 的操作界面。
2. 通过设置个性化操作界面的任务，学会设置 Word 2010 自定义操作界面的方法。
3. 通过创建会议纪要文档，学会 Word 文档的基本编辑方法。

任务 1　认识和管理 Word 文档

学习目标：

1. 了解 Office 2010 基础信息，熟悉 Word 2010 的操作界面组成。
2. 学会 Word 文档的启动与退出。
3. 学会 Word 文档创建、保存与打开方法。
4. 学会在 Word 文档中输入文本的基本操作。

建议学时： 2 学时。

学习准备：

计算机一体化教学环境（齐全的多媒体设备，师生每人一台电脑）、课件、素材、工作页。

学习过程：

👆**引导问题**

1. 什么是 Office？Office 与 Word 文档之间是什么关系？

提示

　　Microsoft Office 2010 是微软推出的新一代办公软件，开发代号为 Office 14，实际是第 12 个发行版本。该软件共有 6 个版本，分别是初级版、家庭及学生版、家庭及商业版、标准版、专业版和专业高级版。

　　Word 文档属于 Office 文档中的一种。Office 包括下列软件工具：Microsoft Office Access、Microsoft Office Excel、Microsoft Office Outlook、Microsoft Office PowerPoint、Microsoft Office Project、Microsoft Office Word、Microsoft Office SharePoint Designer、Microsoft Office Publisher、Microsoft Office PhotoDraw。（资料来源于百度百科）

　　2. 尝试打开 Word 2010，观察 Word 2010 的功能界面由哪些部分组成？把它们分别列出来。

序号	功能界面组成部分名称	序号	功能界面组成部分名称
1		6	
2		7	
3		8	
4		9	
5			

提示

Word 2010 的三种启动方法

　　（1）在"开始"菜单中选择"所有程序"，选择"Microsoft Office Word 2010"选项，就可以启动 Word 2010 了。

　　（2）从桌面快捷图标双击"Microsoft Office Word 2010"图标启动。

　　（3）右击鼠标，选择"新建"，再选择"Microsoft Office Word 2010"启动。

3. 如何保存 Word 文档? 电脑出现故障重启, 未保存的文档还在吗?

提示

Word 文档"保存"与"另存为"的方法

Word 文档保存方式分自动与手动两种。

(1) 如果没有设置好自动保存时间, 那么电脑一出现故障, 辛辛苦苦编辑的文档就付诸东流了。如何设置"自动保存": 单击"文件"→"选项"→"保存"选项卡。可在"保存自动恢复信息时间间隔"中设置适合的时间间隔, 设置完毕单击"确定"。

(2) 手动保存可在两个地方实施: 方法1是在"标题栏"(左上角)找到"保存"图标单击, 方法2是单击"文件"→"保存"。

(3) 快捷键 (Ctrl + s) 的运用: 在编辑完成的文档中同时按下"Ctrl"+"s"键, 即可完成保存。(最方便的方法)

文件的另存方法:

(1) 单击"文件"→"另存为"在弹出的对话框中, 编辑文档名称, 选择文件位置……单击"保存"即可。另存的文件不影响原文件效果。

(2) 文件另存也可按键盘上的"F12"键, 按键后即可弹出"另存为"窗口。选择另存的位置单击"保存"即可。

4. 创建 Word 文档, 命名为自己的名字, 在文档中输入自我介绍的内容, 然后保存。

查询与收集

Word 文档在我们的日常生活、学习、工作中能做什么? 用自己的话说说。

拓展提高

1. 请上网查询一下 Word 2010 各个功能区有哪些作用, 包含哪些工具。

(1)"开始"功能区:

(2)"插入"功能区:

(3)"页面布局"功能区:

(4)"引用"功能区:

(5)"邮件"功能区:

(6)"审阅"功能区:

(7)"视图"功能区:

评价反馈：

任务 1　认识和管理 Word 文档		
评价项目	分值	得分
1. 能理解 Office 基础信息，熟悉 Word 2010 的操作界面组成	2	
2. 学会 Word 的启动与退出	1	
3. 学会 Word 文档的创建、保存与打开方法	2	
4. 学会在 Word 文档中输入文本的基本操作	2	
5. 遵守管理规定及课堂纪律	1	
6. 学习积极主动、勤学好问	2	
教师评价（A、B、C、D）：		

学习总结：

_____

_____

_____

任务 2　设置个性化操作界面

学习目标：

1. 学会外观界面自定义的操作方法。
2. 学会设置"快速访问工具栏"的操作方法。
3. 学会功能区自定义的操作方法。

建议学时： 2 学时。

学习准备：

计算机一体化教学环境（齐全的多媒体设备，师生每人一台电脑）、课件、素材、工作页。

学习过程：

我们时常用 Word 编辑文档、处理表格，Word 2010 和之前的版本相比，文字和表格编辑功能更强大，外观界面更雅致，功能按钮的布局也更合理，然而每天面对"老面孔"仍然会觉得厌倦，默认设置有时候用起来会不顺手。其实，在 Word 2010 中，很多功能都可以自定义，以满足用户的个性化需求。

 引导问题：

1. 如何将 Word 2010 的外观界面颜色更改为黑色？操作完成后将其截图显示。

提示

Word 2010 内置的"配色计划"允许用户依据本人的偏好自定义外观界面的主色调。

单击"文件 → 选项"，打开"Word 选项"窗口，切换到"常规"选项卡，打开"配色方案"右侧下拉框，这里有蓝色、银色和玄色三种颜色方案供用户选择，选择不同的配色方案，界面外观会呈现不同的风格，从而满足不同用户的个性化需求。

截图快捷键：同时按下键 Alt + Print Screen 键即可完成当前活动区域的界面截图。

2. 在"快速访问工具栏"添加"直接打印"命令按钮，并截图保存。

3. 如何在功能区创建新选项卡？请设置完成后截图保存。

提示

操作步骤：

（1）打开 Word 文档，单击"文件"标签，选择"选项"命令。

（2）弹出 Word 选项对话框，单击"自定义功能区"选项，切换到自定义功能区选项面板。

（3）单击底部的"新建选项卡"按钮，新建选项卡将自动被置于主选项卡位置下，且同时自动创建新建组。

（4）选中"新建选项卡"，单击"重命名"按钮，将新建选项卡重新命名为"自定义选项卡"；选中"新建组"，单击"重命名"按钮，将新建组重新命名为"自定义组"。

（5）根据操作习惯，从左侧框中选择各种常用的命令，比如公式符号，然后单击"添加"按钮，将该命令添加到自定义选项卡下，单击"确定"按钮。

（6）执行上一操作后，返回文档可以看到已经创建的自定义选项卡。在自定义组中单击公式符号即可选择在 Word 文档中插入各种公式符号。

4. 利用"自定义功能区"的命令，删除选项卡中的"审阅"，并截图保存。截图后请再恢复"审阅"。

查询与收集

如何取消快速访问工具栏中的"撤销"和"恢复"按钮？在网上收集相关资料，用自己的话描述。

评价反馈：

任务 2 设置个性化操作界面		
评价项目	分值	得分
1. 学会外观界面自定义的操作方法	2	
2. 学会设置"快速访问工具栏"的操作方法	2	
3. 学会功能区自定义的操作方法	3	
4. 遵守管理规定及课堂纪律	1	
5. 学习积极主动、勤学好问	2	
教师评价（A、B、C、D）：		

学习总结：

_____

_____

_____

任务 3 创建会议纪要文档

学习目标：

1. 学会输入文本的基本操作。
2. 学会插入项目符号和编号、日期和时间等操作。
3. 学会复制、删除和移动文本等操作。
4. 学会文本的查找、替换与定位等操作。
5. 掌握利用计算机处理文字的意识和能力。

建议学时：2 学时。

学习准备：

计算机一体化教学环境（齐全的多媒体设备，师生每人一台电脑）、课件、素材、工作页。

学习过程：

任务描述：2012 年 11 月 11 日晚，某学院学生会紧急召开运动会前期准备工作会议。院学生处许老师主持了会议，院级主要学生干部及各系部学生会负责人出席了会议。秘书处干事张燕负责整理本次会议的会议纪要，请你帮助张燕做好这份会议纪要，图 4 - 1 所示为原文。

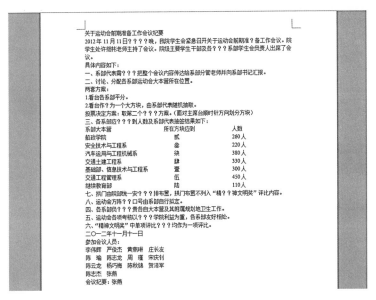

图 4 - 1

任务分析：要将自己的文件保存到计算机中，可以选用 Word 2010 处理。通过 Word 2010 建立一个空白文档，选择一种自己擅长的汉字输入法把要写的内容输入到计算机中，然后进行保存。在输入过程中，需要掌握并熟练应用文档的基本编辑操作。

任务实施：新建 Word 文档，以"关于运动会前期准备工作会议纪要"命名并保存文档。按照样文内容输入标题、项目符号和编号，并插入日期和时间、会议纪要的内容等。

👆 **引导问题**

1. 如何在文档中输入文本？在输入过程中操作以下按键，将其功能用自己的话描述出来。

（1）Enter 键：

（2）Backspace 键：

（3）Delete 键：

（4）→、←、↓、↑键：

（5）空格键：

2. 如何在 Word 文档中插入编号和项目符号？如何插入日期和时间？

提示

通过单击功能区"开始"选项卡的"段落"组中的"编号"或"项目符号"工具，右侧的小三角可以打开下拉菜单，根据需要选择编号/项目符号的样式。单击编号/项目符号按钮后可以立即开始键入内容，当列表完成后，按两次 Enter 键即可。

3. 如何选定文档中第七、八项内容，将其移动到第六项内容前面？

4. 如何查找文档中的"？"，并利用查找与替换工具将其删除，使会议纪要呈现如图4-2所示的效果。

关于运动会前期准备工作会议纪要

2012年11月11日晚，我院学生会紧急召开关于运动会前期准备工作会议。院学生处许老师主持了会议。院级主要学生干部及各系部学生会员责人出席了会议。

具体内容如下：

一、系部代表需把整个会议内容传达给系部分管老师并向系部书记汇报。

二、讨论、分配各系部运动会大本营所在位置。

两套方案：

1.看台各系部平分。

2.看台作为一个大方块，由系部代表随机抽取。

投票决定方案：取第二个方案。（面对主席台顺时针方向划分方块）

三、各系部应到人数及系部代表抽签结果如下：

系部大本营	所在块应到	人数
船政学院	贰	260人
安全技术与工程系	叁	220人
汽车运用与工程机械系	柒	380人
交通土建工程系	肆	330人
基础部、信息技术与工程系	壹	300人
交通工程管理系	伍	450人
继续教育部	陆	110人

四、各系部负责各自大本营及其附属规划地卫生工作。

五、运动会各项考核以学院利益为重，各系部友好相处。

六、"精神文明奖"中单项评比均作为一项评比。

七、拱门由院部统一安排布置，拱门布置不列入"精神文明奖"评比内容。

八、运动会方阵口号由系部自行拟定。

二〇一二年十一月十一日

参加会议人员：

李伟辉 严俊杰 黄燕琳 庄长友

陈 瑜 陈志龙 周 瑾 宋庆钊

陈云龙 杨巧梅 陈秋锦 贺泽军

陈志杰 张燕

会议纪要：张燕

图 4-2

📧 查询与收集

如何在 Word 2010 中撤销和恢复文本?

📚 拓展提高

使用 Word 2010 起草一个有关学校开展拔河比赛的通知。练习时的重点:

(1)特殊符号的插入。

(2)日期和时间的插入。

评价反馈:

任务 3　创建会议纪要文档		
评价项目	分值	得分
1. 学会输入文本的基本操作	2	
2. 学会插入项目符号和编号、日期和时间等操作	2	
3. 学会复制、删除和移动文本等操作	1	
4. 学会文本的查找、替换与定位等操作	2	
5. 遵守管理规定及课堂纪律	1	
6. 学习积极主动、勤学好问	2	
教师评价(A、B、C、D):		

学习总结:

项目五　编辑与美化 Word 文档

班级：　　　　　　　　　　　　日期：

姓名：　　　　　　　　　　　　指导教师：

学习目标：

1. 学会 Word 文档的字符格式设置。
2. 学会 Word 文档的页面设置、段落格式化等操作。
3. 学会插入文本框、图片、形状、艺术字等操作。
4. 学会文档分栏、添加边框和底纹的操作。
5. 学会首字下沉设置、为文字添加拼音的操作。
6. 学会理解海报的设计理念，尝试动手制作海报。
7. 学会综合运用已学的知识用 Word 2010 进行版式设计以及对素材进行加工组合。
8. 通过设计海报，掌握获取、筛选、加工处理信息的能力。

建议学时：　8 学时。

工作情境描述：

当我们使用 Word 文档写了一篇美文时，如果不做任何修改排版，文章会显得很单调，对文档进行美化可以让整篇文章添彩不少。

工作流程与活动：

1. 通过编辑演讲稿文档的任务，学会设置字符格式、段落格式及页面布局设置等操作。

2. 通过美化招聘启事文档的任务，学会插入文本框、边框和底纹，设置文档分栏、首字下沉等操作。

3. 通过校园文化宣传海报设计任务，学会插入图片、形状、艺术字等操作，理解海报的设计理念，从而动手制作海报，能综合运用已学的知识用 Word 2010 进行版式设计以及对素材进行加工组合。

4. 通过设计房地产宣传海报，能综合运用已学的知识用 Word 2010 进行版式设计以及对素材进行加工组合，掌握获取、筛选、加工处理信息的能力。

任务1 编辑演讲稿文档

学习目标：

1. 学会 Word 文档的页面设置方法。
2. 学会 Word 文档的字符格式设置方法。
3. 学会段落格式化设置方法。

建议学时： 2 学时。

学习准备：

计算机一体化教学环境（齐全的多媒体设备，师生每人一台电脑）、课件、素材、工作页。

学习过程：

任务描述：汤文要参加学校组织的演讲比赛，他已经把演讲稿录入计算机中并进行了简单的编辑，为了看起来更美观，他想按图 5－1 所示的效果对这篇文档进行格式设置。

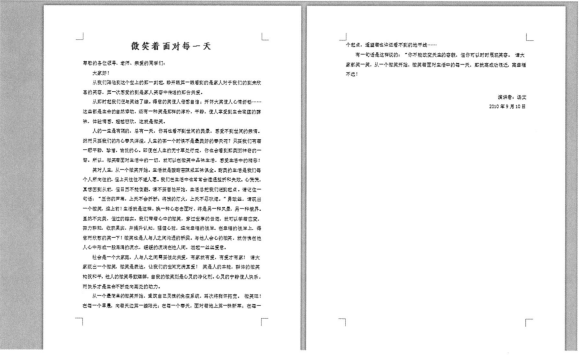

图 5－1

任务分析：对一篇文档进行格式设置，主要就是调整字符格式，以及对文档中段落的对齐方式、缩进方式及段间距进行格式设置。这里不仅要了解进行格式化的不同方法，还要掌握格式化的具体内容。

👆 引导问题

1. 如何调整页面设置：纸型为自定义大小，宽度为 23 厘米，高度为 30 厘米；页边距上、下各 3 厘米，左、右各 3.5 厘米？

提示

设置页边距

（1）在"页面布局"→"页面设置"选项组中单击"页边距"按钮，Word 提供了"普通""宽""窄"等五个默认选项，用户可以根据需要选择页边距。

（2）在"页边距"按钮的下拉菜单中选择"自定义边距"选项，在弹出的"页面设置"对话框中进行设置。

设置纸张方向

在"页面布局"→"页面设置"选项组中单击"纸张方向"按钮，在下拉列表中根据需要选择"横向"或"纵向"。

设置纸张大小

（1）在"页面布局"→"页面设置"选项组中单击"纸张大小"按钮，下拉菜单中提供了多种预设的纸张大小，用户可根据需要进行选择。

（2）若要自定义纸张大小，在下拉菜单中单击"其他页面大小"，在弹出的"页面设置"对话框中进行设置后单击"确定"即可。

2. 如何设置文档标题为仿宋字体、二号、加粗，并设置字符间距加宽 2 磅？

提示

在 Word 2010 文档中设置字符格式的步骤如下：

（1）在"开始"选项卡中找到"字体"组。

（2）字体：单击右侧的三角形可以打开下拉菜单，选择自己所需的字体。

（3）字号：单击右侧的三角形可以打开下拉菜单，选择自己所需的字号，除此之外，也可通过"增大字体"按钮（Ctrl + Shift + >）和"缩小字体"按钮（Ctrl + Shift + <）来控制文字大小。

（4）颜色：可分别设置字体颜色和底纹背景颜色。

（5）大小写：更改大小写的按钮，通过单击可在字母大小写之间进行切换。

（6）"字体"组右下箭头按钮可打开"字体对话框"，可一次应用多种字符格式更改，但与功能区"开始"选项卡的"字体"组不同，"字体对话框"无法提供实时预览，并且包含了许多不同的命令，在"高级"选项卡中可以调节字符间距、缩进量等。

3. 如何设置文档标题居中对齐？

4. 如何将正文各段设置为首行缩进 2 字符、1.5 倍行距、段前段后各 0.5 行？

提示

缩进

一般而言，"缩进"主要用于段落首行缩进、左右缩进和带项目符号或编号的文本的悬挂缩进。

方法一：通过功能区中"开始"选项卡"段落"组中的"减少缩进量"与"增加缩进量"进行设置；

方法二：使用鼠标拖动水平标尺上的控件来设置首行缩进和悬挂缩进。步骤如下：通过"视图"选项卡的"显示"组，选择"标尺"按钮，打开标尺，通过拖动标尺上的小三角进行设置。

间距

方法一：在"开始"选项卡中"段落"选项组中点击"行距"按钮，在弹出的下拉选项列表中可设置增加段前间距和增加段后间距。

方法二：先将鼠标放到需要调整的段落行，进入"开始"选项卡，单击"段落"选项组右下方的小按钮，在弹出的"段落"对话框中的"间距"下面，可以对段前、段后进行间距设置，还能设置行距。

查询与收集

Word 文档中常常需要用到格式刷来实现快速格式化，请搜索相关的操作方法。

拓展提高

将《一千零一夜》的短篇文档进行格式设置，要求效果如图 5 - 2 所示。

【样文】

外国名著介绍

《一千零一夜》

　　《一千零一夜》是阿拉伯民间故事集，中国又译《天方夜谭》。《一千零一夜》的名称，出自这部故事集的引子。相传古代印度与中国之间有一萨桑国，国王山鲁亚尔因痛恨王后与人有私，将其杀死，此后每日娶一少女，翌晨即杀掉。宰相的女儿山鲁佐德为拯救无辜的女子，自愿嫁给国王，用每夜讲述故事的办法，引起国王兴趣，免遭杀戮。她的故事一直讲了一千零一夜，终使国王感化。

　　《一千零一夜》中包括神话传说、寓言童话、婚姻爱情故事、航海冒险故事、宫廷趣闻和名人逸事等，它的人物有天仙精怪、国王大臣、富商巨贾、庶民百姓，三教九流，应有尽有。这些故事和人物形象相互交织，组成了中世纪阿拉伯帝国社会生活的复杂画面，是研究阿拉伯和东方历史、文化、宗教、语言、艺术、民俗的珍贵资料。

　　《一千零一夜》的多数故事，健康而有教益。《渔夫和魔鬼》《阿拉丁和神灯》《阿里巴巴和四十大盗》《辛伯达航海旅行记》《巴索拉银匠哈桑的故事》和《乌木马的故事》等，是其中的名篇。这些故事歌颂人类的智慧和勇气，描写善良人民对恶势力的斗争和不屈不挠的精神，塑造奋发有为、敢于进取的勇士形象，赞扬青年男女对爱情的忠贞。《一千零一夜》有不少故事以辛辣的笔触揭露社会的黑暗腐败、统治者的昏庸无道，反映了人民大众对现实的不满和对美好生活的憧憬，引起了不同时代和不同地区的读者的共鸣。这是这部民间故事集表现出永恒魅力的主要原因。

——佚名故事整理

图 5 - 2

评价反馈：

任务 1　编辑"演讲稿"文档		
评价项目	分值	得分
1. 学会 Word 文档的页面设置方法	2	
2. 学会 Word 文档的字符格式设置方法	2	
3. 学会段落格式化设置方法	3	
4. 遵守管理规定及课堂纪律	1	
5. 学习积极主动、勤学好问	2	
教师评价（A、B、C、D）：		

学习总结：

任务 2　美化招聘启事文档

学习目标：

1. 掌握 Word 文档字符格式设置方法。
2. 掌握段落格式化设置方法。
3. 学会插入文本框的操作。
4. 学会设置边框和底纹的操作。
5. 学会文档的分栏、首字下沉、为文字添加拼音的操作。

建议学时：　2 学时。

学习准备：

计算机一体化教学环境（齐全的多媒体设备，师生每人一台电脑）、课件、素材、工作页。

学习过程：

任务描述：道向（成都）科技有限责任公司需要招聘销售总监 1 名，招聘要求已经录入电脑，请你参照图 5 – 3 所示招聘启事效果图，利用所学的知识对其进行美化。

聘

道向（成都）科技
有限责任公司

销
售
总
监

工作性质: 全职
工作地点: 成都
发布日期: 2011-8-13
截止日期: 2011-9-13
招聘人数: 1人
薪水: 面议
工作经验: 4年
学历: 本科以上

● **职位描述**

※ 任职条件
▶ 计算机或营销相关专业本科以上学历；
▶ 四年以上国内外 IT、市场综合营销和管理经验；
▶ 熟悉电子商务，具有良好的行业资源背景；
▶ 具有大中型项目开发、策划、推进、销售的完整运作管理经验；
▶ 具有敏感的市场意识和商业素质；
▶ 极强的市场开拓能力、沟通和协调能力强，敬业，有良好的职业操守。

※ 岗位工作
▶ 负责销售团队的建设、管理、培训及考核；
▶ 负责部门日常工作的计划、布置、检查、监督；
▶ 负责客户的中层关系拓展和维护，监督销售报价、标书制作及合同签订工作；
▶ 负责挖掘潜在客户，进行行业拓展；
▶ 制订市场开发和推广实施计划，制定并实施公司市场和销售策略及预算；
▶ 完成公司季度和年度销售指标。

● **公司简介**

道向（成都）科技有限责任公司是以数字业务为龙头，集电子商务、系统集成、自主研发为一体的高科技公司。公司集中了一大批高素质的、专业性强的人才，立足于数字信息产业，提供专业的信息系统集成及服务、GPS应用服务。在当今数字信息化高速发展的时代下，公司正虚席以待，诚聘天下英才。公司将为员工提供极具竞争力的薪酬福利，并为个人提供广阔的发展空间。

● **应聘方式**

※ 邮寄方式
有意者请将自荐信、学历、简历（附1寸照片）等寄至成都市一环路高门高声桥55号（邮编610000）

※ 电子邮件方式
有意者请将自荐信、学历、简历等以正文形式发送至 hr@dx-kj.com。

合则约见，拒绝来访。
联系电话: 028-85881***
联系人: 肖先生、辛小姐

图 5 - 3

☝ **引导问题**

1. 如何在 Word 文档中插入如下格式的横向文本框：高5.5厘米、宽5.5厘米、形状填充为纹理→水滴、透明度为30、无边框线、环绕型式为嵌入式。在文本框中添加文字：白色，黑体，居中对齐，"聘"为初号，段前段后各0.5行，"道向（成都）科技有限责任公司"为三号。

在 Word 文档中，设置一个单独的文本框是十分实用的，用户可以不用受到段落格式、页面设置等因素的影响，随意将文本框摆在需要的位置。那么这个实用的文本框要怎样插入呢？

提示

文本框的插入和输入文本

（1）打开 Word 2010 文档窗口，切换到"插入"功能区。在"文本"分组中单击"文本框"按钮。在打开的内置文本框面板中选择合适的文本框类型。

（2）返回 Word 2010 文档窗口，所插入的文本框处于编辑状态，直接输入用户的文本内容即可。

2. 如何为正文最后三个自然段设置双波浪线边框、浅绿色底纹？

提示

设置边框和底纹：打开 Word 2010 后，点击菜单栏的"页面布局"按钮。在页面布局中找到"页面边框"按钮。点开"页面边框"按钮后，就会出现熟悉的边框底纹设置框。

该操作的特别之处在于也可以作为字符格式属性进行设置，只要选择所需添加底纹的字词即可。

3. 如何设置字符格式：文档大标题深红色、黑体、三号、加粗？

查询与收集

首字下沉、文档分栏、为文字添加拼音的操作方法。

拓展提高

对照如图 5-4 所示效果，美化"神舟"四号飞船成功返回文档。

"神舟"四号飞船成功返回

5日晚上，当"神舟"四号飞船环绕地球运行 107 圈飞临南大西洋海域上空时，在那里待命的"远望三号"航天测量船向其发出了返回命令。飞船随即建立返回姿态，返回舱与轨道舱分离，制动发动机点火，开始从太空向地球表面返回。飞船进入距地面 80 公里的大气层后，以每秒约 8 公里的高速飞行，与大气层剧烈摩擦，返回舱表面产生等离子层，形成电磁屏蔽，与地面暂时中断了联系。飞船刚飞出"黑障区"，担负飞船回收任务的西安卫星测控中心着陆场站及时发现了目标。之后，按照预定的程序，飞船平稳地在内蒙古中部飞船着陆场场区内着陆，搜救人员对飞船返回舱进行了回收。

"神舟"五号目前正在总装，可能选择秋季发射

图 5 - 4

　　重点：边框和底纹、首字下沉、文档的分栏

评价反馈：

任务2　美化"招聘启事"文档		
评价项目	分值	得分
1. 学会插入文本框的操作	2	
2. 学会设置边框和底纹的操作	2	
3. 学会首字下沉、文档分栏的操作	2	
4. 遵守管理规定及课堂纪律	2	
5. 学习积极主动、勤学好问	2	
教师评价（A、B、C、D）：		

学习总结：

任务 3　校园文化宣传海报设计

学习目标：

1. 学会文本框的编排方法。
2. 学会图片的编排方法。
3. 学会艺术字的编排方法。
4. 学会理解海报的设计理念，尝试动手制作海报。
5. 学会综合运用图文混排的技巧和方法进行排版。
6. 通过设计海报的版面布局，培养学生的想象力和设计能力。

建议学时：　2 学时。

学习准备：

计算机一体化教学环境（齐全的多媒体设备，师生每人一台电脑）、课件、素材、工作页。

学习过程：

　　任务描述：4 月 23 日是世界读书日，为了让更多人热爱读书，学校需要我们用 Word 软件来制作一份既有图片又有文字说明的以"阅读"为主题的宣传海报。同学们看看图 5 – 5 提供的范例，仔细观察范例中哪些元素表达了"阅读"的主题？

图 5 – 5

　　请用文字描绘图 5 – 5 所示校园海报包含了哪些元素。

海报是一种信息传递艺术，是一种大众化的宣传工具。

校园海报常用于文艺演出、运动会、讲座、培训、竞赛游戏等。一般由学生自己制作，较之专业人士有所逊色，但是由于创作者是一群富有创新意识与个性的学生，所以也有其特色。此类海报与其他海报一样，都可由电脑绘制或纯手工绘制。

引导问题

1. 如何设置页面：纸型为自定义大小，高 29.7 厘米，宽 16.3 厘米；页边距上、下各 2.54 厘米，左、右各 3.175 厘米？

2. 如何插入图片：环绕方式为衬于文字下方，布满整张纸？

3. 如何实现以下设置：① 插入文本框：高为 8.5 厘米，宽为 5.5 厘米，无底纹无边框；②添加文字：内容为"读书改变命运"，字体微软雅黑，字号 20，加粗，灰色；"书籍是全世界的营养品　生活里没有书籍就好像没有阳光　智慧里没有书籍就好像鸟儿没有翅膀"，字体微软雅黑，字号 14，加粗，灰色，行距为固定值 24 磅，文本框环绕方式为四周型环绕？

默认情况下，文本框有一个黑色的边框，能否把边框变成透明或者其他颜色？

无边框：选择"无轮廓"命令可以取消文本框的边框；

其他轮廓颜色：选中文本框，单击"形状轮廓"按钮，打开形状轮廓面板，在"主题颜色"和"标准色"区域可以设置文本框的边框颜色；

粗细：将鼠标指向"粗细"选项，在打开的下一级菜单中可以选择文本框的边框宽度；

虚实：将鼠标指向"虚线"选项，在打开的下一级菜单中可以选择文本框虚线边框形状。

4. 如何插入艺术字"阅读"？

提示

插入艺术字后，经常还需要修改。在 Word 2010 中修改艺术字文字非常简单，不需要打开"编辑艺术字文字"对话框，只需要单击艺术字即可进入编辑状态。在修改文字的同时，用户还可以对艺术字进行字体、字号、颜色等格式设置。选中需要设置格式的艺术字，并切换到"开始"功能区，在"字体"分组即可对艺术字分别进行字体、字号、颜色等设置。

 查询与收集

校园宣传海报的相关图片与资料。

📖 **拓展提高**

校园宣传海报学习拓展。

评价反馈：

任务 3　校园文化宣传海报设计		
评价项目	分值	得分
1. 学会文本框的编排方法	1	
2. 学会图片的编排方法	2	
3. 学会艺术字的编排方法	4	
4. 遵守管理规定及课堂纪律	1	
5. 学习积极主动、勤学好问	2	
教师评价（A、B、C、D）：		

学习总结：

任务4　房地产宣传海报设计

学习目标：

1. 学会自选图形的编排方法。
2. 掌握文本框的编排方法。
3. 掌握图片的编排方法。
4. 掌握文本格式的设置、文档分栏的操作。
5. 学会综合运用图文混排的技巧和方法进行排版。
6. 通过设计海报的版面布局，培养想象力和设计能力。
7. 通过合作制作海报，培养合作能力和自学能力。

建议学时： 2学时。

学习准备：

计算机一体化教学环境（齐全的多媒体设备，师生每人一台电脑）、课件、素材、工作页。

学习过程：

任务描述：张燕要设计一份房地产宣传海报，为了使电子海报更加生动美观，张燕还要对该文档添加一些附加信息，并对背景进一步美化，使房地产宣传海报的最终效果如图5-6所示。

图5-6

引导问题

1. 如何设置页面的自定义页边距为上、下、左、右各 1.27 厘米？

2. 如何插入图片并调整其位置、大小、样式？

3. 如何设置文本框里面文字的字体和行距？

4. 如何设置文档分栏？

查询与收集

房地产海报宣传的相关图片与资料。

拓展提高

房地产宣传海报的制作。

评价反馈：

任务 4　房地产宣传海报设计		
评价项目	分值	得分
1. 学会自选图形的编排方法	2	
2. 学会文本框的编排方法	1	
3. 学会文本格式的设置、文档分栏的操作	4	
4. 遵守管理规定及课堂纪律	1	
5. 学习积极主动、勤学好问	2	
教师评价（A、B、C、D）：		

学习总结：

_____

_____

_____

项目六　使用表格和各种图形对象

班级：　　　　　　　　　　　　　日期：

姓名：　　　　　　　　　　　　　指导教师：

学习目标：

1. 学会表格的创建方法。
2. 学会表格的基本编辑修改方法。
3. 学会表格格式化和修饰的方法。
4. 学会自选图形的插入与编辑操作。
5. 掌握图片、文本框、艺术字的编排方法。
6. 通过对表格和图形对象的美化，培养获取、筛选、加工处理信息的能力。

建议学时：　8学时。

工作情境描述：

此任务主要是针对表格的处理、文字的排版、图片的处理、文本框的应用、自选图形的应用、对象叠放层次的设置等知识点的操作，对学生今后制作应聘简历、广告宣传册、海报、节目单等会有所帮助。

工作流程与活动：

1. 通过使用表格汇总应聘人员信息的任务，学会在文档中创建表格、表格的基本编辑修改、表格格式化和修饰等操作。

2. 通过使用图片丰富公司基本情况文档的任务，学会插入与编辑图片和剪贴画，学会美化图片和剪贴画等操作。

3. 通过使用文本框制作海报标题任务，学会插入文本框、输入文本、编辑与美化文本框等操作。

4. 通过使用艺术字制作促销关键词的任务，掌握艺术字的插入和编辑，培养对图片、形状、艺术字等组合的审美能力。

任务1　使用表格汇总应聘人员信息

学习目标：

1. 学会表格的创建方法。
2. 学会表格的基本编辑修改方法。
3. 学会表格格式化和修饰的方法。
4. 学会表格、文本之间的转换。
5. 学会编辑表格的其他操作。

建议学时： 2 学时。

学习准备：

计算机一体化教学环境（齐全的多媒体设备，师生每人一台电脑）、课件、素材、工作页。

学习过程：

任务描述： 某公司人事部梁小姐需要制作一份表格汇总应聘人员信息，这样可以清晰地看到应聘人员的情况，请你帮助梁小姐制作一份如图6-1所示的应聘人员信息表。

应 聘 人 员 信 息 表

资料 姓名	性别	年龄	婚否	籍贯	联系方式	进公司时间	职位	备注
田　梅	女	31	是	北京	130XXXXXXXX	2002-5-10	总经理助理	
李林海	男	30	否	云南	133XXXXXXXX	2003-6-1	会计	
吴小刚	男	24	否	四川	136XXXXXXXX	2003-4-3	办公室主任	
王　燕	女	27	否	四川	133XXXXXXXX	2005-4-8	销售部经理	
张　庆	男	26	是	湖南	134XXXXXXXX	2001-1-6	客户经理	

图6-1

任务分析： 制表是 Word 的主要功能之一，我们可以使用 Word 制作一份应聘人员信息表。要制作信息表，必须学会表格的创建、编辑修改、格式化、修饰等相关操作并能熟练运用。

👆 **引导问题**

1. 我们在使用 Word 编辑文档的时候，往往要插入表格，请在任务"应聘人员信息表"文档中创建表格并自动套用格式：将光标置于文档第一行，创建一个6行9列的表格；为新创建的表格自动套用"样式1"的格式。

提示

在 Word 文档中插入表格的方法

打开 Word 文档，点击"插入"功能区→表格。

（1）如果想插入普通的表格，只要将鼠标放在表格上面就会显示出表格，这样比较简单。

（2）如果是比较复杂的表格，可以选用下拉菜单的"插入表格"功能，在打开的窗口中输入你想插入表格的行数和列数。

（3）如果想用鼠标直接在文档中画表格，点击"绘制表格"，这时鼠标就会像一个画笔一样，用户可以在文档中任意画表格。

2. 如何在图 6 - 1 所示表格的最后插入一行，并删除表格中"职位"一列右侧的空白列；将"进公司时间"一列和"年龄"一列互换位置；设置第一行行高为 1.5 厘米，将其余各行平均分布；设置第一列列宽为 3.0 厘米？

提示

调整行和列的宽度

方法 1：将鼠标指向表格中的任意一条线上，鼠标的标志将变成双箭头形状，这时按住鼠标左键拖动，就可改变行或列的宽度。注意：横线上下移动，竖线左右移动。

方法 2：右键点击表格中的任意一格，点击"表格属性"窗口可调整行高和列宽。

行和列的均匀分布

步骤：布局→分布行、分布列，按此操作，表格的行和列就会均匀分布。

移动表格位置和更改表格的大小

在表格的左上角有一个小十字箭头标记，用鼠标左键按住它拖动可移动表格的位置。在表格的右下角有一个小方块标记，用鼠标左键按住它拖动可改变表格的大小。

3. 如何将表格中第一行第一格绘制成斜线表头？

提示

（1）将光标定位在想要插入表头的单元格中，在功能界面点击"布局"→"绘制斜线表头"。

（2）在插入斜线表头的对话框中选择表头样式，在右边输入相应的标题。

（3）发现斜线表头中文字显示不全，我们可以调节一下单元格的大小，然后鼠标右键单击斜线表头，选择"组合→取消组合"。

4. 如何设置边框和底纹：将表格外边框设置为双实线，网格横线设置为点划线，网格竖线设置为细实线？

提示

（1）在 Word 表格中选中需要设置边框的单元格或整个表格。在"表格工具"功能区切换到"设计"选项卡，然后在"表格样式"分组中单击"边框"下拉三角按钮，并在边框菜单中选择"边框和底纹"命令。

（2）在打开的"边框和底纹"对话框中切换到"边框"选项卡，在"设置"区域选择边框显示位置。

（3）在"样式"列表中选择边框的样式（例如双横线、点线等样式）；在"颜色"下拉菜单中选择边框使用的颜色；单击"宽度"下拉三角按钮选择边框的宽度尺寸。在"预览"区域，可以通过单击某个方向的边框按钮来确定是否显示该边框，设置完毕单击"确定"按钮。

5. 如何设置单元格对齐方式？

提示

选中需要设置对齐方式的单元格，右击鼠标，在随后弹出的快捷菜单中选中"单元格对齐方式"选项，在展开的子菜单中，选中需要的对齐方式即可。

 查询与收集

表格、文本之间的转换。

拓展提高

请下载北京站列车时刻表并加以编辑。

重点：表格的修饰、边框和底纹

评价反馈：

任务1 使用表格汇总应聘人员信息		
评价项目	分值	得分
1. 学会表格的创建方法	2	
2. 学会表格的基本编辑修改方法	2	

（续上表）

任务1 使用表格汇总应聘人员信息		
3. 学会表格格式化和修饰的方法	2	
4. 学会表格、文本之间的转换	1	
5. 遵守管理规定及课堂纪律	1	
6. 学习积极主动、勤学好问	2	
教师评价（A、B、C、D）：		

学习总结：

_____

_____

_____

任务2 使用图片丰富公司基本情况文档

学习目标：

1. 学会插入图片的操作方法。
2. 学会调整图片位置和大小的操作方法。
3. 学会图文编排、图片文字环绕等操作方法。

建议学时： 2学时。

学习准备：

计算机一体化教学环境（齐全的多媒体设备，师生每人一台电脑）、课件、素材、工作页。

学习过程：

任务描述： 宣传部干事李宁想制作一份图文并茂的公司简介，需要使用图片丰富公司基本情况，使公司的宣传收到更好的效果。请你帮助李宁制作一份如图6－2所示的公司基本情况简介。

图 6-2

👆 **引导问题**

1. 如何设置字体：将正文第一段第二句话加粗、加着重号？

2. 如何设置边框和底纹：为正文第三段"共创价值，成就你我""以人为本""诚信求实""双赢"四个词组设置红色边框和黄色底纹？

3. 如何调整图片的位置及大小？

提示

（1）选中文档中的图片，将鼠标指针移至图片右下角的控制手势上，当指针变成双向箭头形状时按住鼠标左键进行拖动即可把图片放大或缩小。

（2）如果想改变图片的位置，只要将指针移至图片上方，当指针变成十字箭头形状时按住鼠标左键进行拖动，拖至目标位置后释放鼠标，即可将图片拖到指定位置上。

（3）在 Word 2010 中除了可以拖动鼠标调整图片的大小，还可以对图片大小进行精确设置，在"图片工具"的"格式"选项卡"大小"组中，直接在"形状高度"和"形状宽度"文本框中输入数值即可调整图片大小。当把图片拖到指定位置之后，如果还想再精确一点的话，可以先选择图片，按 Ctrl + ↑、↓、←、→键对图片位置进行微调。

4. 如何裁剪图片?

提示

　　单击裁剪工具，调整控制点，确定裁剪范围，就可以对图像进行裁剪。值得注意的是裁剪工具的左边还有旋转工具，方法比较简单，请自主探究。

 查询与收集

如何设置图片文字环绕? 通过网络收集相关资料，用自己的语言描述。

拓展提高

Word 2010 可以玩"抠图"

选中已经插入 Word 2010 编辑窗口的图片，单击"删除背景"按钮，Word 2010 会对图片进行智能分析，并以红色遮住照片背景。

如果发现背景有误遮，可以通过"标记要保留的区域"或"标记要删除的区域"工具手工调整抠图范围，这个工具看起来有点像 Photoshop 中的"快速选择工具"。

当一切设置无误之后，单击"保留更改"按钮，即可去除图片背景，完成抠图操作。

评价反馈:

任务2　使用图片丰富公司基本情况文档		
评价项目	分值	得分
1. 学会插入图片的操作方法	2	
2. 学会调整图片位置和大小的操作方法	2	
3. 能进行图文编排、图片文字环绕等操作	3	
4. 遵守管理规定及课堂纪律	1	
5. 学习积极主动、勤学好问	2	
教师评价（A、B、C、D）:		

学习总结:

_____

_____

_____

任务3 使用文本框制作海报标题

学习目标：

1. 学会插入文本框和输入文本的操作方法。
2. 学会文本框填充效果和轮廓填充效果的操作方法。
3. 学会调整文本框大小、位置等操作方法。

建议学时： 2学时。

学习准备：

计算机一体化教学环境（齐全的多媒体设备，师生每人一台电脑）、课件、素材、工作页。

学习过程：

任务描述：学校组织"环保、绿色、低碳"环保活动，需要制作宣传海报，请你利用所学过的知识制作及编排一份以"环保、绿色、低碳"为主题的宣传海报。图6-3是低碳之灯效果图。

图6-3

👆 引导问题

1. 如何设置文本框无边框、无底纹？

提示

单击文本框并切换到"绘图工具/格式"功能区，单击"形状填充"按钮。

（1）纯色填充：打开形状填充面板，在"主题颜色"和"标准色"区域可以设置文本框的填充颜色。

（2）渐变色填充：可以在形状填充面板中将鼠标指向"渐变"选项，并在打开的下一级菜单中选择"其他渐变"命令。

（3）图片填充或纹理填充：选中"图片或纹理填充"单选框，然后单击"纹理"下拉三角按钮，在纹理列表中选择合适的纹理。

（4）图案填充：选中"图案填充"单选框，在图案列表中选择合适的图案样式。

2. 如何设置文本框高 2.5 厘米、宽 6.5 厘米?

提示

方法 1：单击文本框，在"格式"功能区"大小"分组中可以设置文本框的高度和宽度。

方法 2：右键单击文本框的边框，在打开的快捷菜单中选择"选择其他布局选项"命令，打开"布局"对话框，切换到"大小"选项卡。在"高度"和"宽度"绝对值编辑框中分别输入具体数值，以设置文本框的大小，最后单击"确定"按钮。

3. 如何设置文本框文字字体：微软雅黑，16，白色，加粗，且对齐方式为右对齐?

 查询与收集

如何设置文本框中文字的方向? 通过网络收集相关资料，用自己的语言描述。

拓展提高

快速选中并组合多个文本框图形

在使用 Word 制作流程图的时候往往会用到较多的文本框，文本框绘制完成后需要将其中一部分或者所有的文本框进行组合。但是一个一个地去点击文本框效率很低，而且还可能遇到所有文本框即将选中完毕时某一个文本框没有选中，从而导致所有的工作都白费的情况。

其实 Word 2010 提供了很人性化的操作选项来解决这个问题，以往五六分钟甚至十几分钟的工作，现在几秒钟就能解决，快速拖动选择要组合的所有文本框图形即可。

（1）在 Word 2010 的功能界面，找到"开始"按钮，在"开始"项下找到"编辑"选项区，点击"选择"的选项按钮。

（2）在下拉菜单中选择"选择对象"功能，再次回到文档页面，在空白区域开始按住鼠标然后拖动，选中所有的文本框和线条，选择完毕后每一个对象均有选中的标识。

（3）在任意一个文本框上点击鼠标右键，弹出菜单项，选择"组合"→"组合"选项。至此所有的对象就轻松地被选择组合了，可以对其任意进行移动。

评价反馈：

任务3　使用文本框制作海报标题		
评价项目	分值	得分
1. 学会插入文本框和输入文本的操作方法	2	
2. 能对文本框的填充效果和轮廓填充效果进行操作	2	
3. 能调整文本框大小、位置等	3	
4. 遵守管理规定及课堂纪律	1	
5. 学习积极主动、勤学好问	2	
教师评价（A、B、C、D）：		

学习总结：

_____

_____

_____

任务4　使用艺术字制作促销关键词

学习目标：

1. 学会插入艺术字的操作方法。
2. 学会设置艺术字效果和轮廓填充效果的操作方法。
3. 学会调整艺术字字体、字号、颜色等操作方法。

建议学时：　2学时。

学习准备：

计算机一体化教学环境（齐全的多媒体设备，师生每人一台电脑）、课件、素材、工作页。

学习过程：

任务描述：七月是某公司汽车节大促销时期，汽车宣传部的李文要用 Word 2010 制作汽车宣传海报，这次需要使用艺术字制作促销关键词，请你帮助李文做一份漂亮的宣传海报吧，效果图如图6-4所示。

图6-4

✋ 引导问题

1. 在一些文档中我们将艺术字放置在大标题或者较醒目的位置，如何插入艺术字呢？

提示

插入艺术字

（1）在"插入"选项卡下单击"艺术字"按钮，选择要应用的艺术字效果，如图6-5所示。

（2）在文档工作区中的图文框内输入文字内容，将鼠标放在图文框的边框上可以将艺术字拖到合适的位置，也可以拉动文本框边框中间的调节按钮调节图文框的大小。

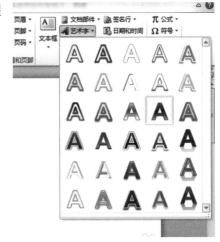

图6-5

2. 如何将艺术字"七月特惠 零利大促"字体设置为微软简综艺、字号为70、艺术字填充颜色为深红色、渐变效果，且艺术字轮廓颜色为白色、粗细为2.25磅？

3. 如何为艺术字添加阴影效果？

查询与收集

如何设置艺术字旋转？通过网络收集相关资料，用自己的语言描述。

拓展提高

在Word文档文本框中设置艺术字文字形状

相对于Word 2003而言，Word 2010提供的艺术字形状更加丰富，包括弧形、圆形、V形、波形、陀螺形等多种形状。艺术字形状只能应用于文字级别，而不能应用于整体艺术字对象。设置艺术字形状能够使文档更加美观，具体操作步骤如下：

第1步：打开Word文档，选中需要设置形状的艺术字文字。

第2步：在打开的"绘图工具/格式"功能区中，单击"艺术字样式"分组中的"文本效果"按钮。

第3步：打开文本效果菜单，指向"转换"选项，在打开的转换列表中有多种形状可供选择，点击选择需要的形状即可。

评价反馈：

任务4 使用艺术字制作促销关键词		
评价项目	分值	得分
1. 能插入艺术字	2	
2. 能对艺术字效果和轮廓填充效果进行操作	2	
3. 能对艺术字字体、字号、颜色进行操作	3	
4. 遵守管理规定及课堂纪律	1	
5. 学习积极主动、勤学好问	2	
教师评价（A、B、C、D）：		

学习总结：

项目七　编辑长篇 Word 文档

班级：　　　　　　　　　　　　日期：

姓名：　　　　　　　　　　　　指导教师：

学习目标：

1. 学会使用大纲视图，学会页面设置、文档属性设置。
2. 学会选择合适的样式，学会修改样式、录入正文等操作。
3. 学会插入分节符。
4. 学会设置页眉、页脚、页码，为文档添加脚注或尾注。
5. 学会自动生成目录，学会使用域的操作。
6. 学会文档的打印操作。

建议学时： 10 学时。

工作情境描述：

在日常使用 Word 2010 办公的过程中，长文档的制作是我们常常需要面临的任务，比如营销报告、毕业论文、宣传手册、活动计划等。由于长文档的纲目结构通常比较复杂，内容也较多，如果不使用正确的方法，整个工作过程可能费时费力，而且质量不尽如人意。

本部分课程专门讨论长文档制作的方方面面，在介绍合理制作观念的同时，提供长文档制作过程中有助于提高效率的必备技能，如果你能坚持并完成课程中相应的练习，掌握相应的方法和技巧，那么相信你以后再面对长文档的编排任务时，将会倍感轻松。

工作流程与活动：

1. 通过编辑工资制度文档，学会使用大纲视图、页面设置、设置文档属性。
2. 通过使用样式美化考核制度文档，学会选择合适的样式，修改样式、录入正文。
3. 通过为合同管理办法添加页眉、页脚，学会插入分节符，设置页眉、页脚、页码。
4. 通过为项目评估报告文档创建目录，学会自动生成目录，了解域的使用。
5. 通过设置并打印印章管理办法文档，学会文档的打印操作。

任务1　编辑工资制度文档

学习目标：

1. 学会使用大纲视图。
2. 学会设置页面布局和文档网格。
3. 学会设置文档属性。
4. 学会设置多级标题编号。

建议学时：

2学时。

学习准备：

计算机一体化教学环境（齐全的多媒体设备，师生每人一台电脑）、课件、素材、工作页。

学习过程：

任务描述：某公司人事部李先生要编辑整理公司的工资制度方案，制度方案已经录入电脑中，接下来要修改和排版，但密密麻麻的文字让李先生犯愁了，不知如何下手整理。请你根据学过的文档排版知识，帮助李先生整理这份长篇文档吧（效果图见图7－1）。

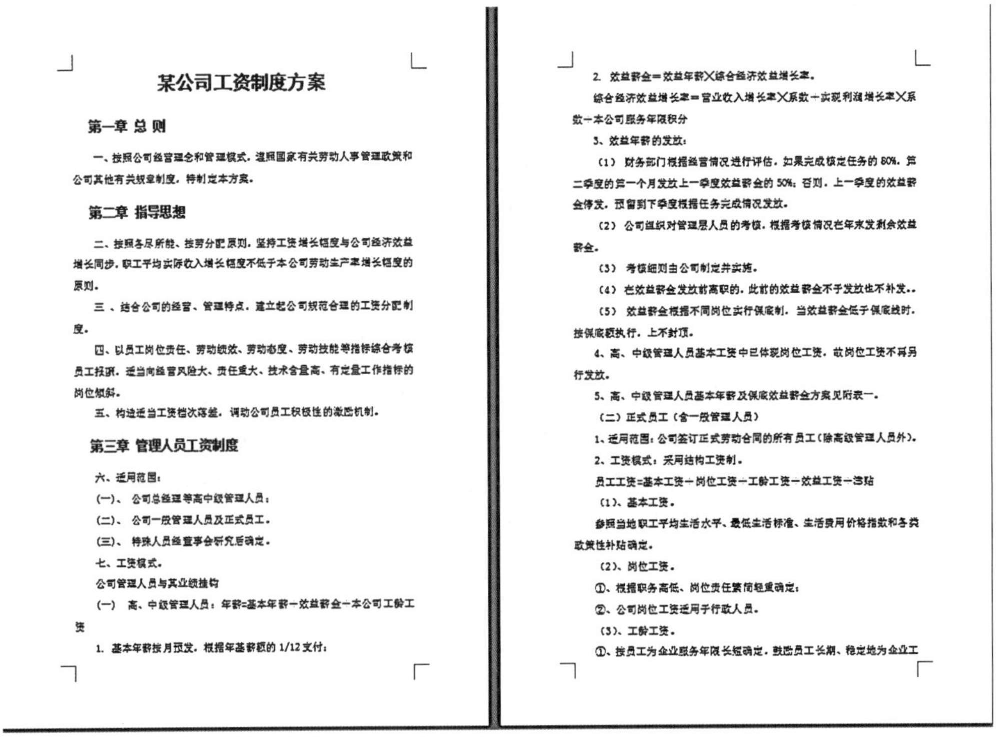

某公司工资制度方案

第一章 总则

一、按照公司经营理念和管理模式，遵照国家有关劳动人事管理政策和公司其他有关规章制度，特制定本方案。

第二章 指导思想

二、按照各尽所能、按劳分配原则，坚持工资增长幅度与公司经济效益增长同步，职工平均实际收入增长幅度不低于本公司劳动生产率增长幅度的原则。

三 、结合公司的经营、管理特点，建立起公司规范合理的工资分配制度。

四、以员工岗位责任、劳动绩效、劳动态度、劳动技能等指标综合考核员工报酬，适当向经营风险大、责任重大、技术含量高、有定量工作指标的岗位倾斜。

五、构造适当工资档次落差，调动公司员工积极性的激励机制。

第三章 管理人员工资制度

六、适用范围：

(一)、 公司总经理等高中级管理人员；

(二)、 公司一般管理人员及正式员工。

(三)、 特殊人员经董事会研究后确定。

七、工资模式。

公司管理人员与其业绩挂钩

(一) 高、中级管理人员：年薪=基本年薪+效益薪金+本公司工龄工资

1. 基本年薪按月预发，根据年基薪额的1/12支付；

2. 效益薪金＝效益年薪×综合经济效益增长率。

综合经济效益增长率＝营业收入增长率×系数＋实现利润增长率×系数＋本公司服务年限积分

3、效益年薪的发放：

（1） 财务部门根据经营情况进行评估，如果完成核定任务的80%，第二季度的第一个月发放上一季度效益薪金的50%；否则，上一季度的效益薪金停发，预留到下季度根据任务完成情况发放。

（2） 公司组织对管理层人员的考核，根据考核情况在年末发剩余效益薪金。

（3） 考核细则由公司制定并实施。

（4） 在效益薪金发放前离职的，此前的效益薪金不予发放也不补发。.

（5） 效益薪金根据不同岗位实行保底制，当效益薪金低于保底线时，按保底额执行，上不封顶。

4、高、中级管理人员基本工资中已体现岗位工资，故岗位工资不再另行发放。

5、高、中级管理人员基本年薪及保底效益薪金方案见附表一。

（二）正式员工（含一般管理人员）

1、适用范围：公司签订正式劳动合同的所有员工（除高级管理人员外）。

2、工资模式：采用结构工资制。

员工工资=基本工资＋岗位工资＋工龄工资＋效益工资＋津贴

（1）、基本工资。

参照当地职工平均生活水平、最低生活标准、生活费用价格指数和各类政策性补贴确定。

（2）、岗位工资。

①、根据职务高低、岗位责任繁简轻重确定；

②、公司岗位工资适用于行政人员。

（3）、工龄工资。

①、按员工为企业服务年限长短确定，鼓励员工长期、稳定地为企业工

图7－1

引导问题

1. 写文章前，不要急于动笔，首先要设置好页面布局，确定文档使用哪种幅面的纸张、文档的书写范围、装订线位置等，这是排版的第一步。如何设置页面纸型为 A4 纸，页边距上、下各 2.54 厘米，左、右各 3.175 厘米？

提示

Word 页面设置的技巧

"页面布局"选项卡中可以分别设置文字方向、页边距、纸张方向、纸张大小，还有分栏等操作选项，需要更详细的设置可以点击右下角展开下拉菜单"页面设置常用选项"，可操作页边距选项卡、纸张选项卡和版式选项卡。

页边距选项卡：可以根据需要设置上下左右边距及装订线位置。

纸张选项卡：可以设置页面纸张类型，一般默认是 A4 纸。

版式选项卡：可以设置有关章节的信息及页眉、页脚的布局。

2. 长篇文档一般很多文字，年长者阅读起来可能比较吃力，为使文字更清晰，一般采用增大字号的办法，但效果并不理想。其实，可以使用"文档网格"在页面设置中调整字与字、行与行之间的间距，即使不增大字号，也能使内容看起来更清晰。如何设置"文档网格"每行 37 字符、每页 42 行？

提示

Word 页面设置中的文档网格

从"页面设置"对话框中选择"文档网格"选项卡，选中"指定行和字符网格"，在"字符"设置中，默认为"每行 39"个字符，可以适当减小，例如改为"每行 37"个字符。同样，在"行"设置中，默认为"每页 44"行，可以适当减小，例如改为"每页 42"行。这样，文字的排列就均匀清晰了。

3. 如何设置"文档属性标题"为"某公司工资制度方案"，设置"作者"为"人事部李某"？

提示

Word 文档属性包括作者、标题、主题、关键词、类别、状态和备注等项目，关键词属性属于 Word 文档属性之一。设置 Word 文档属性，有助于用户管理 Word 文档。

操作步骤：

(1) 打开 Word 2010 文档窗口，依次单击"文件"→"信息"按钮。

(2) 在打开的"信息"面板中单击"属性"按钮，并在打开的下拉列表中选择"高级属性"选项。

(3) 在打开的文档属性对话框中切换到"摘要"选项卡。

(4) 在"摘要"选项卡中分别输入作者、单位、类别、关键词等相关信息，并单击"确定"按钮即可。

为 Word 文档属性补全信息有助于我们对文档进行管理。

4. 如何使用大纲视图查看文档，并为文档设置多级标题编号？

查询与收集

说说大纲视图、文档结构图有什么区别？

拓展提高

怎样设置多级标题编号？

评价反馈：

任务 1　编辑工资制度文档		
评价项目	分值	得分
1. 能使用大纲视图	2	
2. 能设置页面布局和文档网格	3	
3. 能设置文档属性、多级标题编号	2	
4. 遵守管理规定及课堂纪律	1	
5. 学习积极主动、勤学好问	2	
教师评价（A、B、C、D）：		

学习总结：

任务 2 使用样式美化考核制度文档

学习目标：

1. 学会使用样式的操作方法。
2. 学会使用样式修改的操作方法。
3. 学会新建样式的操作方法。
4. 学会录入正文，并使用样式美化长篇文档的操作方法。

建议学时： 2 学时。

学习准备：

计算机一体化教学环境（齐全的多媒体设备，师生每人一台电脑）、课件、素材、工作页。

学习过程：

任务描述：某公司人力资源部人事资源决策委员会为了规范公司对员工的考察与评价，制定了《2013 年某公司员工绩效考核制度》，考核制度已编写完成，但还未进行格式的编排，请你使用样式美化考核制度文档，让其看起来更美观大方，要求效果如图 7 - 2 所示。

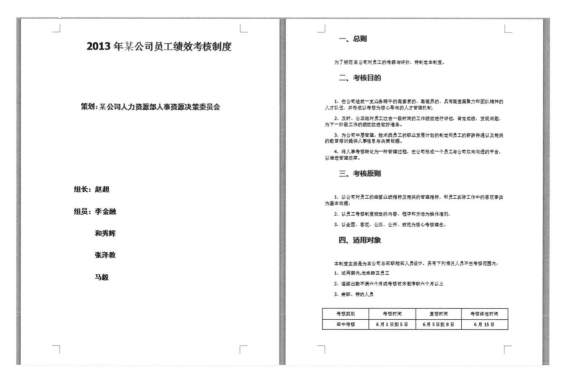

图 7 - 2

引导问题

1. 什么是样式?

2. 如何使用样式设置文档的大标题"2013年某公司员工绩效考核制度":应用 Word 自带样式"标题1",默认格式为宋体、二号、加粗、段前17磅、段后16.5磅、2.4倍行距?

3. 如何修改样式:将"标题3"的字体改为微软雅黑?

Word 2010 中已经定义了大量样式，一般在使用中只需对预定义样式进行适当修改即可满足需求。样式的设置方法：

"开始"功能区中，在需要修改的样式名上单击"右键"→"修改"，即可进入修改样式对话框。在修改样式对话框中，可以修改样式名称、样式基准等。单击左下角的"格式"，可以定义该样式的字体、段落等格式。用户可以根据需求对样式进行适当修改，也可以为某样式设置快捷键，以后只需要选中文字并按快捷键即可快速套用样式。

注意："正文"样式是 Word 中国版的最基础样式，不要轻易修改它，一旦修改，将会影响所有基于"正文"样式的其他样式的格式。另外，尽量利用 Word 内置样式，尤其是标题样式，可使相关功能（如目录）更简单。

4. 如何在 Word 文档中创建新样式"表格内容"？

word 2010 自带了许多内置样式，用于文档的编辑排版工作，但是，如果在实际应用中需要其他样式，也可以自行设置，下面介绍其具体的操作步骤。

（1）打开一个需要设置新样式的文档，在"样式"选项组中单击下拉按钮。

（2）打开"样式"任务窗格，单击"新建样式"按钮。

（3）打开"根据格式设置创建新样式"对话框，并在"名称"文本框中输入新建样式的名称，单击"样式类型"下拉按钮，从弹出的菜单中选择"段落"选项。单击"样式基准"下拉按钮，从弹出的菜单中选择"正文"选项。

（4）单击"后续段落样式"下拉按钮，从弹出的菜单中选择"正文"选项。在"格式"组中设置字体、字号等选项，然后单击"居中"按钮，并选择"添加到快速样式列表"复选框，单击"确定"按钮，即完成样式的创建操作。

（5）运用同样的方法，可创建其他样式的格式。

 查询与收集

如何清除格式？通过网络收集相关资料，用自己的语言描述。

拓展提高

查看和修改文章的层次结构

长篇文档的定位比较麻烦，采用样式之后，由于"标题1"至"标题9"样式具有级别，就能方便地进行层次结构的查看和定位。

从菜单中选择"视图"—"文档结构图"命令，可在文档左侧显示文档的层次结构。在其中的标题上单击，即可快速定位到相应位置。再次从菜单中选择"视图"—"文档结构图"命令，即可取消文档结构图。

如果文章中有大块区域的内容需要调整位置，以前的做法通常是剪切后再粘贴。当区域移动距离较远时，同样不容易找到位置。

我们可以从菜单中选择"视图"—"大纲"命令，进入大纲视图，文档顶端会显示"大纲"工具栏。在"大纲"工具栏中选择"显示级别"下拉列表中的某个级别，例如"显示级别3"，则文档中会显示从级别1到级别3的标题。

如果要将"用户职业"部分的内容移动到"用户年龄"之后，可将鼠标指针移动到"用户职业"前的十字标记处，按住鼠标拖动内容至"用户年龄"下方，即可快速调整该部分区域的位置。这样不仅将标题移动了位置，也将其中的文字内容一起移动到了相应位置。

从菜单中选择"视图"—"页面"命令，即可返回到常用的页面视图编辑状态。

评价反馈：

任务2　使用样式美化考核制度文档		
评价项目	分值	得分
1. 能使用样式的操作方法	2	
2. 能对样式进行修改	2	
3. 能新建样式等	3	
4. 遵守管理规定及课堂纪律	1	
5. 学习积极主动、勤学好问	2	
教师评价（A、B、C、D）：		

学习总结：

_____

_____

_____

任务3　为合同管理办法添加页眉、页脚

学习目标：

1. 学会插入和删除分节符。
2. 学会设置页眉、页脚。
3. 学会插入页码及设置格式。

建议学时： 2 学时。

学习准备：

计算机一体化教学环境（齐全的多媒体设备，师生每人一台电脑）、课件、素材、工作页。

学习过程：

任务描述： 某集团股份有限公司行政部王小姐在编排公司合同管理办法文档时遇到了难题，她在设置页眉、页脚、页码等操作时，需从正文部分开始，但是无论怎么设置，文档目录页总是出现页眉、页脚、页码，请你利用所学的知识帮助王小姐设置好文档，要求效果如图 7－3 所示。

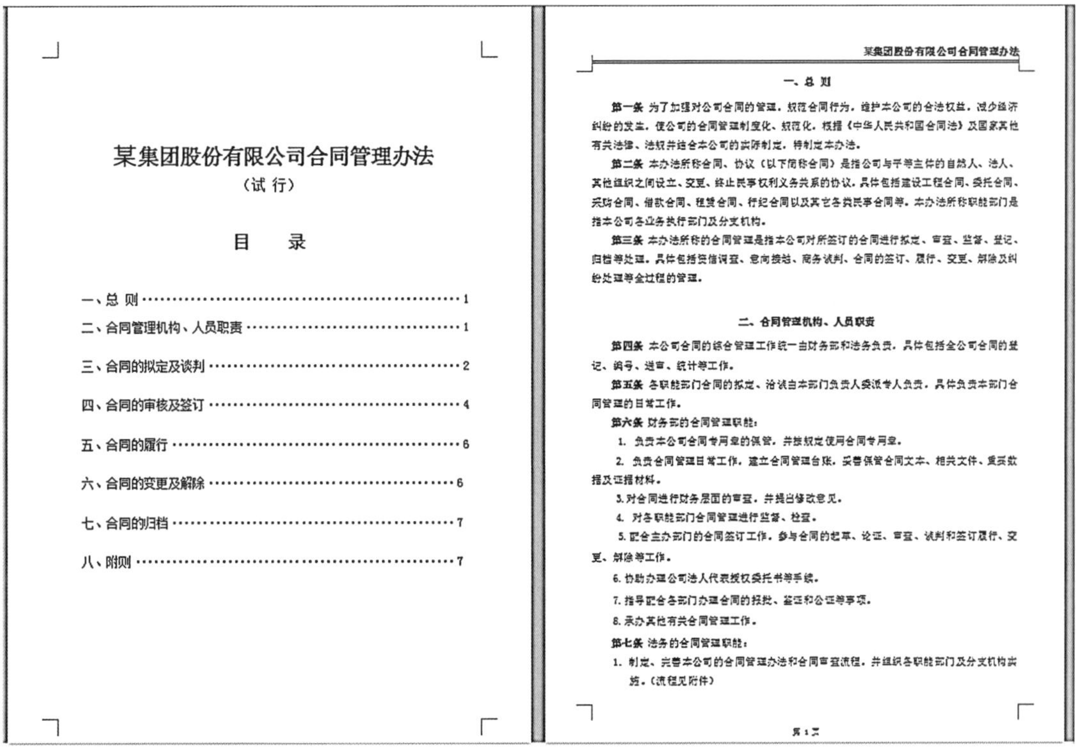

某集团股份有限公司合同管理办法

（试 行）

目　　录

某集团股份有限公司合同管理办法

一、总 则

第一条 为了加强对公司合同的管理，规范合同行为，维护本公司的合法权益，减少经济纠纷的发生，使公司的合同管理制度化、规范化，根据《中华人民共和国合同法》及国家其他有关法律、法规并结合本公司的实际制定，特制定本办法。

第二条 本办法所称合同、协议（以下简称合同）是指公司与平等主体的自然人、法人、其他组织之间设立、变更、终止民事权利义务关系的协议，具体包括建设工程合同、委托合同、采购合同、借款合同、租赁合同、行纪合同以及其它各类民事合同等。本办法所称职能部门是指本公司各业务执行部门及分支机构。

第三条 本办法所称的合同管理是指本公司对所签订的合同进行拟定、审查、监督、登记、归档等处理，具体包括资信调查、意向接洽、商务谈判、合同的签订、履行、变更、解除及纠纷处理等全过程的管理。

二、合同管理机构、人员职责

第四条 本公司合同的综合管理工作统一由财务部和法务负责，具体包括全公司合同的登记、编号、送审、统计等工作。

第五条 各职能部门合同的拟定、洽谈由本部门负责人委派专人负责，具体负责本部门合同管理的日常工作。

第六条 财务部的合同管理职能：

1. 负责本公司合同专用章的保管，并按规定使用合同专用章。
2. 负责合同管理日常工作，建立合同管理台账，妥善保管合同文本、相关文件、重要数据及证据材料。
3. 对合同进行财务层面的审查，并提出修改意见。
4. 对各职能部门合同管理进行监督、检查。
5. 配合主办部门的合同签订工作，参与合同的起草、论证、审查、谈判和签订履行、变更、解除等工作。
6. 协助办理公司法人代表授权委托书等手续。
7. 指导配合各部门办理合同的报批、鉴证和公证等事项。
8. 承办其他有关合同管理工作。

第七条 法务的合同管理职能：

1. 制定、完善本公司的合同管理办法和合同审查流程，并组织各职能部门及分支机构实施。（流程见附件）

第 1 页

图 7－3

引导问题

1. 如何在 Word 文档中插入分节符？

提示

在长篇文档排版过程中，为文章分节是一个重要的操作步骤，通过插入分节符，可以将 Word 文档分成多个部分。每个部分可以设置不同的页边距、页眉、页脚、纸张大小等。

2. 如何在 Word 文档中删除分节符？

通过在 Word 文档中使用分节符，可以把 Word 文档分成两个或多个部分，这些部分可以具有不同的页面设置。如果不再需要分节符，可以将其删除。删除分节符后，被删除分节符前面的页面将自动应用分节符后面的页面设置。

提示

删除分节符的步骤：

（1）打开已经插入分节符的 Word 文档，依次单击"文件"→"选项"命令。

（2）在打开的"Word 选项"对话框中切换到"显示"选项卡，在"始终在屏幕上显示这些格式标记"区域选中"显示所有格式标记"复选框，并单击"确定"按钮。

（3）返回 Word 文档窗口，选中分节符，并在键盘上按 Delete 键即可将其删除。

3. 如何在同一个文件中设置不同的页面：目录：纸型为 A4 纸，页边距上、下、左、右各 2 厘米；正文：纸型为 A4 纸，页边距上、下各 2.54 厘米，左、右各 1.905 厘米？

4. 如何从正文部分开始设置页眉"某集团股份有限公司合同管理办法"：宋体、小四、右对齐，页眉横线为双下划线，目录页不显示页眉？

提示

Word 文档中创建页眉、页脚后，在默认情况下，一篇文章从头到尾的页眉、页脚都是一样的。有时，我们还需要根据不同的章节内容而设定不同的页眉、页脚。有的朋友将不同的章节分别保存成不同的文件，然后再分别给每个文件设定不同的页眉、页脚，操作起来很麻烦。

有更简单的方法：在文章中插入不同的分节符来分隔，并以节为单位，分别设置不同的页眉与页脚。

第一步：页面布局→分隔符

第二步：分隔符→分节符（选：下一页）

第三步：设置好第一页页眉后，把光标移到第一节最后一页的最后面，双击"与上一节相同"。第一节的所有页面的页眉就一样了，如图 7-4 所示。

第四步：设置与上一节的页眉、页脚不同的第二节。重复上面第一、第二步，特别提醒，在接下来的"链接到前一条页眉"这里选"否（N）"，即第二节的页眉与第一节不同。

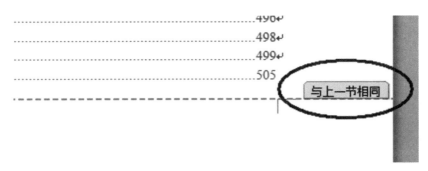

图 7 - 4

5. 如何从正文开始设置页码：在页面"底端居中"位置添加页码，格式为"第×页"。

提示

打开你要插入页码的文档，一个正规的论文或报告一般都有封面、目录和正文，我们只需要在正文处插入页码。具体步骤如下：

（1）把光标移到你要插页码的那一页的最前面，点击"页面布局"→"分隔符"→"分节符"→"下一页"，这样的结果是多出了一页空白页，把光标移到刚多出来的那一页的最前面，按 Delete。

（2）点击"插入"→"页码"→"页面底端"→"普通数字 2"。

（3）在"页眉和页脚工具"标签页中，单击"链接到前一条页眉"，使它处于灰色状态，点击"关闭页眉页脚"。

（4）单击"插入"→"页码"→"设置页码格式"，在"页码编号"中勾上"起始页码"，最后点击"确定"。

（5）单击"插入"→"页码"，选择自己喜欢的页码格式，插入页码。

（6）双击封面或者目录页脚部分，删除页码，再单击目录，目录会变色，变色之后，右键单击，选择"更新域"→"只更新页码"即可。

拓展提高

在 Word 文档中插入多种样式的页码

默认情况下，在 Word 文档中插入的页码是普通阿拉伯数字样式，且未做任何修饰。为了使 Word 文档更美观，用户可以在 Word 页码样式库中插入多种样式的页码，操作步骤如下所述：

第 1 步：打开 Word 文档窗口，切换到"插入"功能区。在"页眉和页脚"分组中单击"页码"按钮。

第 2 步：在打开的"页码"面板中选择页码的插入位置，用户可以选择"页面顶端""页面底端""页边距"或"当前位置"作为页码的插入位置。例如，可以选择"页面底端"，然后在打开的页码样式库中选择合适的页码样式。

评价反馈：

任务 3　为合同管理办法添加页眉、页脚		
评价项目	分值	得分
1. 能插入和删除分节符	2	
2. 能设置页眉、页脚	2	
3. 能插入页码及设置格式	3	
4. 遵守管理规定及课堂纪律	1	
5. 学习积极主动、勤学好问	2	
教师评价（A、B、C、D）：		

学习总结：

任务 4　为项目评估报告文档创建目录

学习目标：

1. 掌握目录的概念和作用。
2. 学会如何在文档中自动生成目录。
3. 学会如何使用"更新域"自动更新目录页码。

建议学时： 2 学时。

学习准备：

计算机一体化教学环境（齐全的多媒体设备，师生每人一台电脑）、课件、素材、工作页。

学习过程：

任务描述： 湖北省某资产评估有限公司对 QS 公司拟对外投资涉及的 QS 公司房地产项目做了一份资产评估报告书，内容较多，为清晰了解评估报告书的内容，需要制作目录，以便快速找到需要查阅的信息。请你根据评估报告书的内容，创建相应的目录，要求效果如图 7-5 所示。

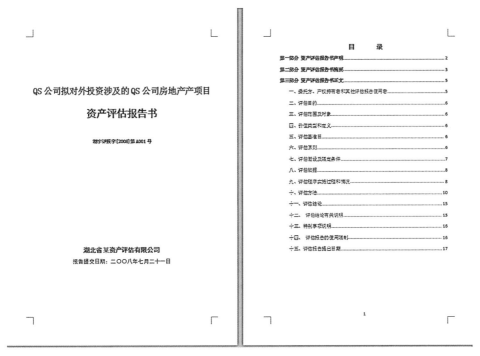

图 7 – 5

 引导问题

1. 什么是目录？目录在 Word 文档中有哪些作用？

提示

　　目录，是指书籍正文前所载的目次，是揭示和报道图书的工具。在 Word 文档中，简单来说，目录是一份文档的大纲，是文档中所有正文的主标题和次标题的大纲索引，且相应的标题对应相应的页码。

　　目录在 Word 文档中主要有三个作用，分别是导读功能、报道功能和检索功能。导读功能，读者能够通过目录提供的信息得知正文所涉及的大概内容。报道功能，向需求者报道所需要的有关文献的形式和内容的信息特征。检索功能，读者能通过目录所提供的页码查找所需内容。（资料来源于百度百科）

2. 如何修改"标题 1"样式：黑体，二号，加粗，段前段后各 12 磅，单倍行距，居中对齐，并应用于大标题？

3. 如何在 Word 文档中创建目录？

提示

在 Word 2010 中创建目录非常简单，不需要手动打出标题和对应的页码。

（1）将主标题设置为"标题1"，将次标题设置为"标题2"……以此类推。

（2）设置完成后，在"引用"选项卡"目录"里选中自己喜欢的目录格式结构。

选择之后，你的标题就会建立大纲索引，同时，也会具有 Word 默认的标题格式。

这样，自动生成目录就完成了！

4. 创建目录之后内容有所改动，应该如何更新目录？

提示

鼠标左键点击目录区域，会出现更新目录提示，点击"更新目录"，有两种更新方式，可以只更新页码，也可以更新整个目录。

查询与收集

如何快速地通过目录的超链接跳转到指定的页面？通过网络收集相关资料，用自己的语言描述。

评价反馈：

任务4　为项目评估报告文档创建目录		
评价项目	分值	得分
1. 掌握目录的概念和作用	1	
2. 学会如何在文档中自动生成目录	3	
3. 学会如何更新目录	2	
4. 学会利用目录的超链接	1	
5. 遵守管理规定及课堂纪律	1	
6. 学习积极主动、勤学好问	2	
教师评价（A、B、C、D）：		

学习总结：

_____

_____

_____

任务 5　设置并打印印章管理办法文档

学习目标：

1. 学会设置打印全部页码以及打印预览。
2. 学会设置打印指定页码。
3. 学会设置打印当前页面。
4. 学会设置单双面打印。

建议学时： 2 学时。

学习准备：

计算机一体化教学环境（齐全的多媒体设备，师生每人一台电脑）、课件、素材、工作页。

学习过程：

任务描述： 某公司秘书部小李要双面打印印章管理办法文档全部页码，份数为 2 份，逐份打印，每页的版数为 1 版，无缩放。但每次打印出来的文档都是单面的，请你帮助小李设置打印功能，以便能顺利进行双面打印，要求效果如图 7 - 6 所示。

图 7-6

🖑 **引导问题**

1. 如何设置打印预览：将文档打印预览设置为多页、显示标尺、显示比例为 60%？

2. 如何设置打印指定页码：打印第 6~12 页的内容，份数为 3，分页打印？

提示

操作步骤：

（1）打开 Word 文档页面，单击"文件"按钮。

（2）在菜单中选择"打印"命令。

（3）在"打印"窗口中单击打印范围下的三角按钮，我们可以在列表中选择以下几种打印范围：

① "打印所有页"选项，就是打印当前文档的全部页面。

② "打印当前页面"选项，就是打印光标所在的页面。

③ "打印所选内容"选项，则只打印选中的文档内容，但事先必须选中一部分内容才能使用该选项。

④ "打印自定义范围"选项，则打印我们指定的页码。

3. 如何设置文档打印：打印全部页码，手动双面打印，份数为 2，逐份打印，每页的版数为 1 版，无缩放？

提示

操作步骤：

（1）打开 Word 文档页面，单击"文件"按钮。

（2）在菜单中选择"打印"命令。

（3）选择"打印所有页""手动双面打印"项，确定无误后单击"打印"按钮。

（4）如文档共有四页，打印机会先打印第一页和第三页，打印完后提示取出，直接取出第一页和第三页纸，反过来放入打印机，点击"确定"，继续完成偶数页的打印。

4. 如何打印当前文档：打印第 9 页的内容，份数为 4，每页的版数为 2 版，按纸型缩放 A4 纸？

提示

操作步骤：

（1）打开 Word 文档页面，单击"文件"按钮。

（2）在菜单中选择"打印"命令。

（3）选择"页数"→"每版打印 2 页"，也就是 4 页的文档，并为 2 页打印。

（4）确定无误后单击"打印"按钮正式打印。

查询与收集

如何设置选定范围打印？通过网络收集相关资料，用自己的语言描述。

评价反馈：

任务5　设置并打印印章管理办法文档		
评价项目	分值	得分
1. 学会设置打印全部页码以及打印预览	1	
2. 学会设置打印指定页码	3	
3. 学会设置打印当前页面	2	

（续上表）

任务5　设置并打印印章管理办法文档		
评价项目	分值	得分
4. 学会设置单双面打印	1	
5. 遵守管理规定及课堂纪律	1	
6. 学习积极主动、勤学好问	2	
教师评价（A、B、C、D）：		

学习总结：

_____

_____

_____

项目八　Excel 数据的输入与编辑

班级：　　　　　　　　　　　　　　日期：

姓名：　　　　　　　　　　　　　　指导教师：

学习目标：

1. 学会 Excel 表格的创建。
2. 了解 Excel 2010 工作界面 。
3. 掌握 Excel 表格数据的输入方法。
4. 掌握 Excel 表格的格式设置。

建议学时：　6 学时。

工作情境描述：

Excel 2010 作为 Office 2010 办公软件成员之一，是电子表格界首屈一指的软件。可完成表格输入、统计、分析等多项工作，可生成精美直观的表格、图表，大大提高用户的工作效率。目前大量企业使用 Excel 对数据进行计算分析，为公司相关政策、决策及计划的制定提供有效的参考。

工作流程与活动：

1. Excel 表格的创建、数据输入及表格的格式化设置。
2. 能够根据工作页的要求，完成公司客户管理表的初步制作。
3. 能够根据工作页的要求，完成产品订单记录表的初步制作。
4. 能够根据工作页的要求，完成会员登记表的格式设置。

任务 1　输入客户资料

学习目标：

1. 学会 Excel 表格的创建和基本的格式化设置。
2. 熟悉 Excel 的操作界面。
3. 学会在表格中输入数据。
4. 能设置表格中各种类型的数据。

5. 能够根据工作页的要求，完成公司客户管理表的初步制作。

建议学时： 2 学时。

学习准备：

计算机一体化教学环境（齐全的多媒体设备，师生每人一台电脑）、课件、素材、工作页。

学习过程：

任务描述： 小张刚到公司，他的销售经理就交给他一叠资料，让他做一份客户管理汇总表。经过整理，利用所学的 Excel 知识，小张很快完成了任务，并对汇总表进行了格式设置，让经理看了一目了然，受到了经理的表扬。

👆 引导问题

1. 如何创建 Excel 2010 工作簿？Excel 2010 工作簿文件的默认扩展名为 _____。

提示

在 Excel 中，工作簿、工作表、单元格的关系是什么

（1）每个 Excel 文件都是一个工作簿，当打开一个 Excel 文件时，就是打开了一个 Excel 工作簿。

（2）打开 Excel 工作簿后，在窗口底部看到的"Sheet"标签表示的就是工作表，有几个标签就表示有几个工作表可见，默认打开时有三个工作表，可以添加工作表，也可以对工作表重命名、隐藏工作表标签等。

（3）工作簿除包含工作表，还可能包含图表和宏表等。

（4）Excel 2010 单元格行数为 1 048 576 行，列为 16 384 列，单元格数为 1 048 576 × 16 384 = 17 179 869 184 个。

（5）一张工作表由 17 179 869 184 个单元格组成。

2. Excel 电子表格的操作界面是怎样的？（图 8-1 所示为 Excel 2010 操作界面详解）

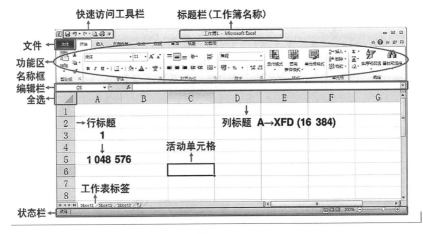

图 8-1

3. 怎样快速调整表格的行高和列宽？

4. 工作表中如何隐藏列或行？

5. 如何设置单元格格式？

6. 你可以根据图 8-2 的提示上网搜索相关教程完成条件格式的设置吗？（图 8-2 所示为设置格式详解）

单元格 — 设置格式

格式：样式格式、数字格式、条件格式

样式格式　　　　　　　　　　/右键→

- 字体/字号、文字颜色/加粗/倾斜/下划线/删除线……
- 单元格边框、填充颜色/底纹
- 文本方向/对齐方式
- 使用内置单元格样式（修改）

图 8-2

提示

利用条件格式可以做什么呢

（1）判断输入是否正确；

（2）找出数据中的最大值或最小值；

（3）让符合特殊条件的数据突出显示；

（4）让工作表间隔固定行显示阴影。

7. 根据工作页的要求，完成公司客户管理表的初步制作。

	A	B	C	D	E	F	G
1	某科技公司客户管理表						
2	客户编号	公司名称	联系人	通讯地址	省/市/自治区	邮政编码	联系人职务
3	0001	成都利比科技公司	王先生	成都一三街4号	成都成华区	610061	业务经理
4	0002	成都得力科技公司	陈小姐	成都五由街4号	成都成华区	610061	销售经理
5	0003	重庆美有科技公司	林小姐	重庆慈利街13号	重庆沙坪区	500001	业务经理
6	0004	成都冬弥信息公司	金小姐	成都武城路11号	成都锦江区	610000	区域经理
7	0005	成都真紫电脑维修公司	刘先生	成都天长路8号	成都高新西区	610051	片区经理
8	0006	成都一休科技公司	章先生	成都天仙路1号	成都武侯区	610041	销售经理
9	0007	成都备善传媒公司	张先生	成都西南路8号	成都锦江区	610051	行政经理
10	0008	成都福家乐信息公司	许先生	成都大河路9号	成都成华区	610000	公关经理
11	0009	成都友谊电脑维修	恭小姐	成都夕阳路0号	成都锦江区	610061	销售经理
12	0010	成都百亿传媒公司	漆先生	成都城西路15号	成都青羊区	610061	业务经理
13	0011	成都腾一信息公司	张先生	成都朝阳路4号	成都武侯区	610071	业务经理
14	0012	重庆米亚科技公司	吴先生	重庆江白路5号	重庆沙坪区	610021	片区经理
15							
16							

图 8 - 3

（1）图 8 - 3 中主要使用了＿＿＿＿＿＿＿＿＿、＿＿＿＿＿＿＿＿＿、＿＿＿＿＿＿＿＿＿
＿＿＿＿＿＿＿＿＿、＿＿＿＿＿＿＿＿＿格式设置。

（2）图 8 - 3 中的 0001 等数字是如何输入的？

（3）图 8 - 3 中的标题是如何合并单元格的？

查询与收集

1. 上网查询数据输入技巧。

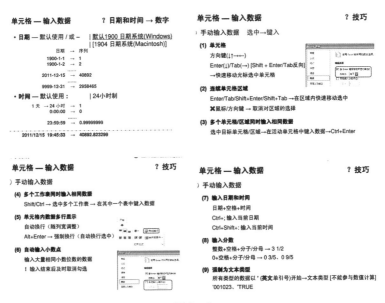

图 8 - 4

2. 如何在 Excel 表格中输入 11 位以上的数字？

拓展提高

1. 利用本次课所学知识制作图 8 - 5 所示课程表，思考斜线表头如何绘制。

时间 节次		星期一	星期二	星期三	星期四	星期五
上午	第一节					
	第二节					
	第三节					
	第四节					
下午	第一节					
	第二节					

图 8 - 5

2. Excel 2010 启动时如何自动打开指定工作簿？

评价反馈：

任务 1　输入客户资料		
评价项目	分值	得分
1. Excel 2010 的界面操作	1	
2. Excel 2010 格式设置	3	
3. Excel 2010 中数据类型的设置	2	
4. 遵守管理规定及课堂纪律	2	
5. 学习积极主动、勤学好问	2	
教师评价（A、B、C、D）：		

学习总结：

任务 2　快速填充订单记录

学习目标：

1. 了解单元格的基本操作。
2. 掌握自动输入数据的方法。
3. 掌握表格数据的自动填充。
4. 能够根据工作页的要求，完成产品订单记录表的初步制作。

建议学时：　2 学时。

学习准备：

计算机一体化教学环境（齐全的多媒体设备，师生每人一台电脑）、课件、素材、工作页。

学习过程：

任务描述：孙小姐是做化妆品销售的，每个月的销售业绩都很好，为了更好地了解订单及交货时间等情况，她想把自己的销售记录做成表格的形式，可孙小姐还不太会用 Excel 2010，你能帮帮她吗？

👉 **引导问题**

1. 如何选择单元格？

提示

单元格选择

（1）单个单元格：鼠标左键单击。

（2）多个连续单元格：左键按住鼠标拖动或单击首个单元格 + Shift + 单击最后一个单元格。

（3）多个不连续单元格：单击首个单元格 + Shift + 单击其他单元格。

（4）整行或整列：单击行标或列标（选择连续行或列：①鼠标直接拖动行标或列标；②单击第一列后，按 Shift 键单击需要选定的最后一列。选择不连续的行或列：按住 Ctrl 同时单击需要选中的列）。

2. 如何自动输入数据和自动填充数据？

提示

　　填充柄就是位于选定单元格右下角的小黑方块。当鼠标指向填充柄时，鼠标的指针变为黑十字。填充柄是用来填充数据的。

　　填充柄的使用分为以下几种情况：

　　（1）选择单元格拖放。当选择为单个单元格进行填充时，Excel 默认的填充方式是复制单元格，填充的内容为所选择单元格的内容和格式。

　　（2）选择连续的单行多列。当选择区域为单行多列时，如果填充的方向是向下或向上，填充方式是复制单元格；而如果是向左或向右，填充方式是以序列的方式来填充数据，这个序列的基准就是原来选择的那几个单元格；如果是向上填充，此时的作用为清除包含在原来选择区域而不包含在当前选择区域中的数值。

　　（3）右键填充。选定数据，再拖放后，会弹出一个右键菜单，这个菜单里除了常规的选项外，还有针对日期的选项和等比或自定义序列填充的选项。

　　（4）双击填充。当要填充的数据有很多行时，双击填充柄经常能起到简化操作的作用。

3．完成下面表格的序列定义。（图 8-6 所示为自定义序列操作方法）

② **自动输入数据**

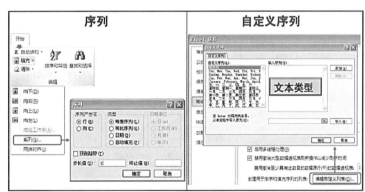

图 8-6

4．在 Excel 2010 中如何把纵向的数据变成横向的？（图 8-7 所示为将纵向数据变成横向数据的操作方法）

| 张三 |
| 王红 |
| 李世民 |
| 胡丽丽 |
| 刘立朋 |

| 张三 | 王红 | 李世民 | 胡丽丽 | 刘立朋 |

图 8 - 7

5. 根据工作页的要求，完成产品订单记录表的初步制作。

MM 公司客户订单

订单编号	客户姓名	产品名称	规格	单价	数量	发货日期	交货日期
MM07001	张某	洁肤乳	48 瓶/件	58.00	32	3 月 5 日	3 月 10 日
MM07002	杨某	眼部修护索	48 支/件	68.00	56	3 月 8 日	3 月 15 日
MM07003	胡某	保湿乳液	48 瓶/件	79.90	72	3 月 10 日	3 月 12 日
MM07004	贺某某	保湿日霜	48 瓶/件	48.90	64	3 月 12 日	3 月 17 日
MM07005	孙某某	深层洁面膏	48 瓶/件	38.70	80	3 月 13 日	3 月 20 日
MM07006	袁某	柔肤水	48 瓶/件	56.80	65	3 月 15 日	3 月 21 日
MM07007	田某某	角质调理露	48 瓶/件	89.90	79	3 月 16 日	3 月 18 日
MM07008	刘某	去死皮膏	48 支/箱	102.00	48	3 月 18 日	3 月 23 日
MM07009	冯某	美容膏	48 瓶/件	99.00	92	3 月 20 日	3 月 24 日
MM07010	古某某	粉底	48 瓶/件	78.90	75	3 月 22 日	3 月 27 日
MM07011	蒲某	染发膏	49 支/箱	28.60	56	3 月 25 日	4 月 2 日
MM07012	项某	香水	24 瓶/箱	120.00	45	3 月 27 日	4 月 5 日

图 8 - 8

（1）图 8 - 8 中的"订单编号"能否使用填充序列方法输入？

（2）日期的格式是如何设置的？

查询与收集

1. 什么是等差序列，什么是等比序列，什么是日期序列？

2. 在 Excel 中经常需要录入一些以 0 开头的数值，在 Excel 中是默认不显示 0 的，所以需要我们手动设置单元格格式才可以显示 0，那么如何设置呢？

自动填充的类型			
题目：在每一个序列的右边完成序列的填充			

等差序列	等比序列		日期序列
1		1	2006-12-1
3		2	2006-12-2
5		4	2006-12-3
7		8	2006-12-4
9		16	2006-12-5
11		32	2006-12-6
13		64	2006-12-7
15		128	2006-12-8
17			2006-12-9
19			2006-12-10
21			2006-12-11
23			2006-12-12
25			2006-12-13
27			2006-12-14
29			2006-12-15
			2006-12-16
			2006-12-17
			2006-12-18
			2006-12-19
			2006-12-20

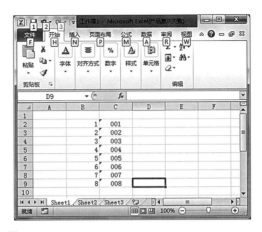

图 8 – 9

📚 **拓展提高**

请为你的 Excel 电子表格工作表设置密码，这样不知道密码的人就没办法打开你的表格了。

评价反馈：

任务 2　快速填充订单记录		
评价项目	分值	得分
1. 掌握 Excel 数据输入方法	2	
2. 掌握自动填充功能操作方法	3	
3. 完成产品订单记录表的初步制作	2	
4. 遵守管理规定及课堂纪律	1	
5. 学习积极主动、勤学好问	2	
教师评价（A、B、C、D）：		

学习总结：

任务3　编辑会员登记表

学习目标：

1. 掌握单元格的条件格式设置。
2. 掌握数据的查找和替换方法。
3. 掌握数据输入的技巧。
4. 能够根据工作页的要求，完成会员登记表的格式设置。

建议学时：

2学时。

学习准备：

计算机一体化教学环境（齐全的多媒体设备，师生每人一台电脑）、课件、素材、工作页。

学习过程：

任务描述：多多的工作主要是管理会员登记表，经常对会员记录情况进行修改，她主要负责几大区域的会员记录，每次在登记会员资料时，由于区域名称重复，很容易出错，你有什么好办法解决这个问题吗？

引导问题

1. 单元格格式化过程中查找和替换功能的使用技巧。

参考实例：Excel如何按颜色来查找内容？

方法/步骤：

图8－10所示的素材在电脑中可以看到有红色、绿色、蓝色和黑色的单元格数据，假如你的Excel表格数据非常多，想要知道哪些单元格的字体是红色的，可按如下步骤查找：

	A	B	C	D
1	6	6	7	2
2	6	6	85	2
3	5	6	7	2
4	6	6	5	2
5	6	6	7	4
6	5	6	12	12

图8－10

找到菜单：“编辑”→“替换”，弹出如图8－11对话框。

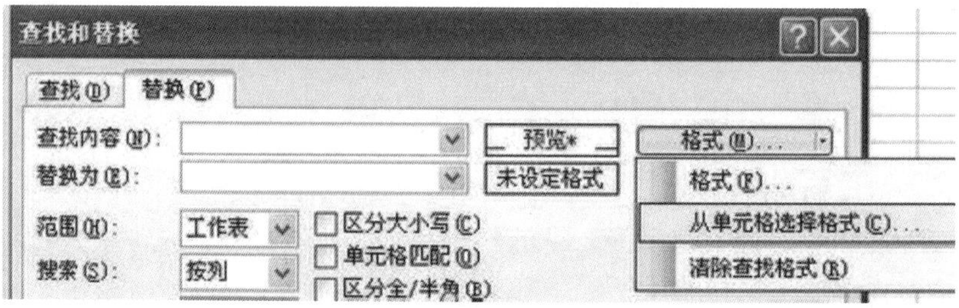

图8－11

图 8 – 10 中，点击"格式"右边的小三角形，然后选择"从单元格选择格式"，接着，使用鼠标点击 A2 单元格，因为你要找的是红色的，如果是其他颜色的，就点击其他单元格。

获取要查找的颜色之后，点击"查找全部"，如图 8 – 12 所示，查找到的数据就列出来了。

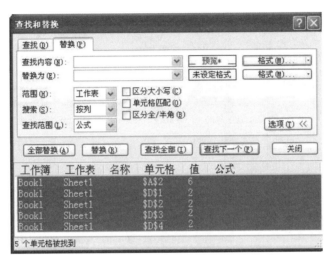

图 8 – 12

你可以选择第一个之后，通过配合 Shift 键，重选最后一个，这样，被查找到的数据就被全选中了。

2. 请试着将图 8 – 13 所示的"2016 级 Java 语言课程成绩表"的"总评成绩"列中低于 60 分的显示为"不及格"。操作之前先学习参考实例提供的方法。

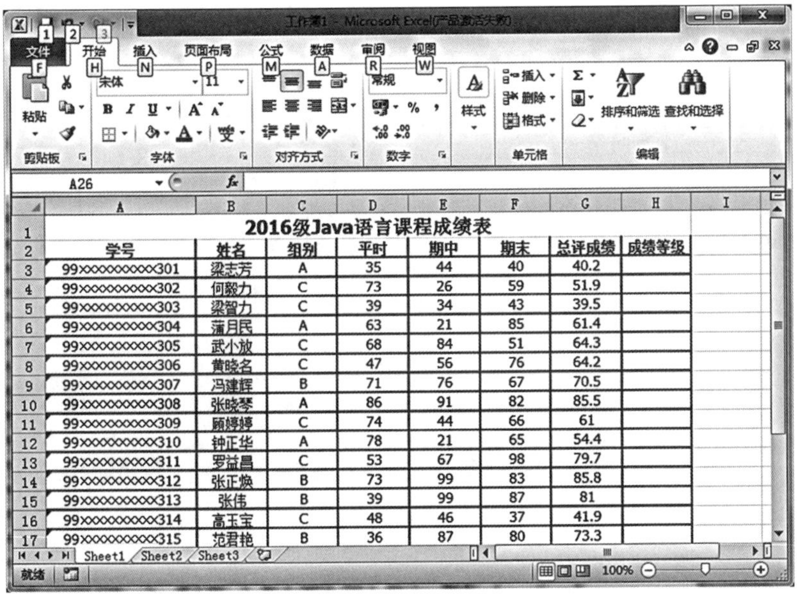

图 8 – 13

参考实例：Excel 2010 中条件格式的运用方法。

（1）选中需要运用条件格式的列或行，如图 8 - 14 所示。

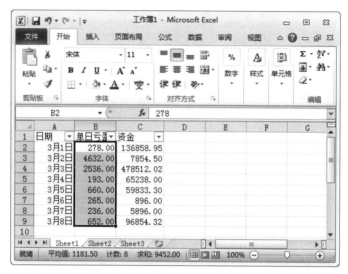

图 8 - 14

（2）在"开始"选项卡中单击"条件格式"→"数据条"，选择渐变填充样式下的"浅蓝色数据条"，负数对应的数据条是反方向的红色色条，如图 8 - 15 所示。

图 8 - 15

（3）在"开始"选项卡中单击"条件格式"→"图标集"，然后选择"三向箭头"，如图 8 – 16 所示。

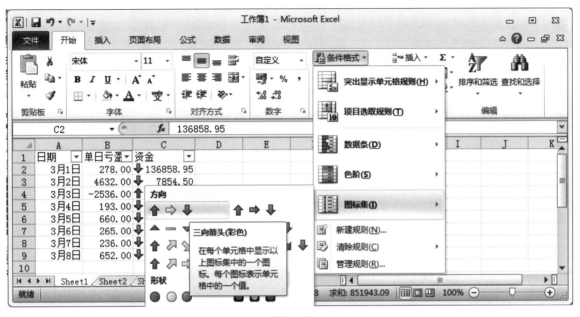

图 8 – 16

3. 能否将图 8 – 13 所示"2016 级 Java 语言课程成绩表"的平时、期中、期末三列数据中不及格的数据以突出红色显示呢?

4. 完成图 8 – 17 所示会员登记表的录入及格式设置 。

图 8 – 17

5. 会员登记表中的电话号码能否设置成"只能输入数值"？

提示

数据有效性设置

（1）选择需要限制的区域，接着点击工具栏的"数据"→"数据有效性"。

（2）在有效性条件"允许"下拉框里选择"自定义"，接着在公式栏输入" = ISNUMBER（B1）"。

（3）接着我们在单元格内输入除了数值之外的数据就被会提示输入值非法。

查询与收集

1. 在 Excel 2010 中如何设置横向输入数据？（即回车时可跳至右侧相邻单元格）

2. 在执行查找操作之前，可以用问号（?）和星号（＊）作为通配符，以方便查找操作。问号（?）代表一个字符，星号（＊）代表一个或多个字符。需要注意的问题是：既然问号（?）和星号（＊）作为通配符使用，那么如何查找问号（?）和星号（＊）呢？

拓展提高

在 Excel 2010 中输入信息的时候，如果是连续的单元格，可以通过拖动填充柄的方法快速输入相同或者有规律的数据。如果单元格不连续，填充的方法就无法奏效了。不过我们可以通过下面的方法快速输入内容相同的信息：按住 Ctrl 键的同时，点击鼠标左键，选中输入内容相同的所有不连续的单元格，然后敲击键盘输入单元格中的内容，按下"Ctrl + Enter"组合键，选中的所有单元格就会填充为键盘所输入的内容。

评价反馈：

任务3　编辑会员登记表		
评价项目	分值	得分
1. 学会单元格的条件格式设置	1	
2. 学会数据的查找和替换方法	1	
3. 学会数据输入的技巧	2	
4. 能够根据工作页的要求，完成会员登记表的格式设置	3	
5. 遵守管理规定及课堂纪律	1	
6. 学习积极主动、勤学好问	2	
教师评价（A、B、C、D）：		

学习总结：

项目九　Excel 单元格与工作表的管理

班级：　　　　　　　　　　　　　　日期：

姓名：　　　　　　　　　　　　　　指导教师：

学习目标：

1. 学会插入和删除工作表，设置重要工作表的保护。
2. 能够根据工作页的要求，完成差旅费报销单的初步制作。
3. 能够根据工作页的要求，完成产品价格表的初步制作。
4. 能够对比查看表格数据。
5. 掌握数据排序、数据筛选。

建议学时：　8 学时。

工作情境描述：

创建电子表格后，我们可以根据需要对工作表表格的布局、单元格的格式以及数据的格式进行调整。在利用 Excel 2010 进行数据处理的过程中，还经常需要对工作簿和工作表进行适当的处理，例如插入和删除工作表，设置重要工作表的保护及数据排序、数据筛选等。

工作流程与活动：

1. 选择工作表、插入工作表、删除工作表、重命名工作表。
2. 移动工作表、复制工作表、隐藏或显示工作表。
3. 工作簿和工作表的保护。
4. 数据对比。
5. 数据排序、数据筛选。

任务 1　编辑差旅费报销单

学习目标：

1. 掌握如何选择工作表、插入工作表、删除工作表、重命名工作表及设置工作表保护。
2. 能够根据工作页的要求，完成差旅费报销单的初步制作。

建议学时： 2 学时。

学习准备：

计算机一体化教学环境（齐全的多媒体设备，师生每人一台电脑）、课件、素材、工作页。

学习过程：

任务描述： 小王常用 Excel 2010 处理工作中的事务，为了方便管理，有时一个工作簿中可能会创建多个工作表，有些工作表为了防止其他同事误改，还需要加上保护密码，你能帮帮他吗？

👆 **引导问题**

1. 对于新安装的 Excel 2010，一个新建的工作簿默认的工作表个数为_____。当向 Excel 2010 工作簿文件中插入一张电子工作表时，默认的表标签中的英文单词为_____。

> **提示**
>
> **1. Excel 显示和隐藏工作表方法**
>
> 　　隐藏工作表的一种方法是在"工作表标签行"上选择一张工作表标签，然后鼠标右键选择"隐藏"；还有一种方法就是选择一张需要隐藏的工作表，进入"开始"选项卡，在"单元格"选项组中选择"格式"按钮，在弹出的下拉列表中选择"可见性"组中的"隐藏和取消隐藏"—"隐藏工作表"命令。显示工作表是在"工作表标签行"上选择一张工作表标签，然后鼠标右键选择"取消隐藏"，在跳出的窗口中可以看到已经隐藏的工作表，选择要取消隐藏的工作表，然后确认就取消隐藏了。
>
> **2. Excel 隐藏行、列和取消隐藏行、列**
>
> 　　隐藏行或列时只需要选中需要隐藏的行或列，鼠标右键单击，在弹出的快捷菜单中选中隐藏即可。显示隐藏的行或列时，只需要在行或列上鼠标右键单击，在弹出的快捷菜单中选中"取消隐藏"即可。

2. 如何选择多个工作表？

3. 如何重命名工作表？

4. 完成"某汽车贸易有限公司佛山分公司工资表"的制作，要求效果如图 9 – 1 所示。

（1）在"销售表"的后面插入一个新的工作表；

（2）将新的工作表命名为"出勤表"；

（3）将工作表标签设置为各种颜色；

（4）删除"销售表"。

某汽车贸易有限公司佛山分公司工资表

编号	姓名	性别	职称	基本工资	津贴	奖金	水费	电费	管理费	实发工资
1	张××	男	工程师	2100	230	320	18.46	78.35	10	2543.19
2	张×	女	助理工程师	1800	200	300	26.38	80.45	10	2183.17
3	刘×	男	技术员	1400	160	250	16.29	68.89	10	1714.82
4	罗××	男	工程师	2000	220	310	16.86	75.65	10	2427.49
5	李×	女	助理工程师	1700	190	290	13.52	65.34	10	2091.14
6	王××	男	技术员	1500	150	260	18.49	72.16	10	1809.35
7	杨×	男	技术员	1400	150	270	14.58	65.59	10	1729.83
8	欧××	男	工程师	2300	230	330	20.58	74.59	10	2754.83
9	李×	男	工程师	2100	210	320	19.25	68.27	10	2532.48
10	余××	女	助理工程师	1900	180	300	15.76	73.28	10	2280.96
11	陈×	男	技术员	1300	160	250	17.37	76.46	10	1606.17
12	孙×	女	工程师	2300	220	310	16.48	74.83	10	2728.69
13	李×	男	技术员	1400	150	260	12.81	67.45	10	1719.74
14	林×	女	助理工程师	1800	190	290	16.28	70.68	10	2183.04
15	胡×	男	技术员	1400	140	250	16.78	74.58	10	1688.64
16	何××	男	工程师	1700	170	290	18.00	69.26	10	2062.74
17	陆××	男	工程师	2300	230	330	17.23	67.49	10	2765.28
18	陈×	女	助理工程师	1900	190	300	22.53	68.53	10	2288.94
19	吴×	男	工程师	2200	220	320	19.83	67.48	10	2642.69
20	周××	女	助理工程师	1700	180	290	24.87	76.49	10	2058.64
21	孙×	男	技术员	1300	160	250	17.37	76.46	10	1606.17
22	李×	男	助理工程师	1900	190	300	22.53	68.53	10	2288.94
23	胡×	男	助理工程师	1500	170	290	18.00	69.26	10	1862.74
24	李×	女	助理工程师	1800	190	290	13.52	65.34	10	2191.14
25	胡×	女	工程师	2100	210	320	19.25	68.27	10	2532.48
26	李××	男	技术员	1400	150	260	12.81	67.45	10	1719.74
27	林××	女	助理工程师	1800	190	290	16.28	70.68	10	2183.04

工资表 个人资料 销售表

图 9 – 1

参考提示：Excel 2010 保护工作表的方法。

方法一：保存的时候设置密码。

如图 9 – 2 所示，文件做好后，单击"文件"选项卡，进入后单击"另存为"按钮，弹出保存对话框。

图 9 – 2

在对话框中保存按钮旁边有一个"工具"按钮，单击旁边的三角形打开下拉列表，如图 9 – 3 所示。

图 9 – 3

在"工具"下拉列表中单击"常规选项",如图 9 – 4 所示。

图 9 – 4

打开后,在"打开权限密码"中设置的密码是打开文件时的密码,而第二行中的"修改权限密码"则是用于保护文件不被修改,此处根据自己的需要设置即可,如图 9 – 5 所示。

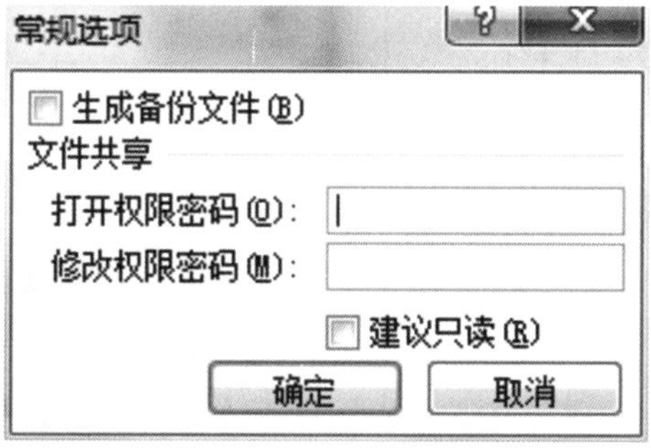

图 9 – 5

方法二:在文件中设置。

如图 9 – 6 所示,将上方功能区中的选项卡切换到"审阅"选项卡。

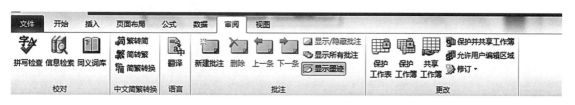

图 9 – 6

在"更改"组中有两个选项,即"保护工作表"和"保护工作簿","保护工作表"是保护当前显示的单个表,而"保护工作簿"是保护整个 Excel 文档,如图 9 – 7 所示。

图 9 - 7

单击"保护工作表",在弹出的对话框中选择要保护的内容,即允许该文档的其他使用者进行该操作,如图 9 - 8 所示;若点击保护工作簿,则会出现另一个不同的对话框,同样设置密码即可,如图 9 - 9 所示。

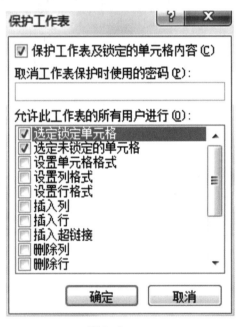

图 9 - 8

图 9 - 9

5. 完成图 9 - 10 所示的差旅费报销单的初步制作并设置工作表保护。

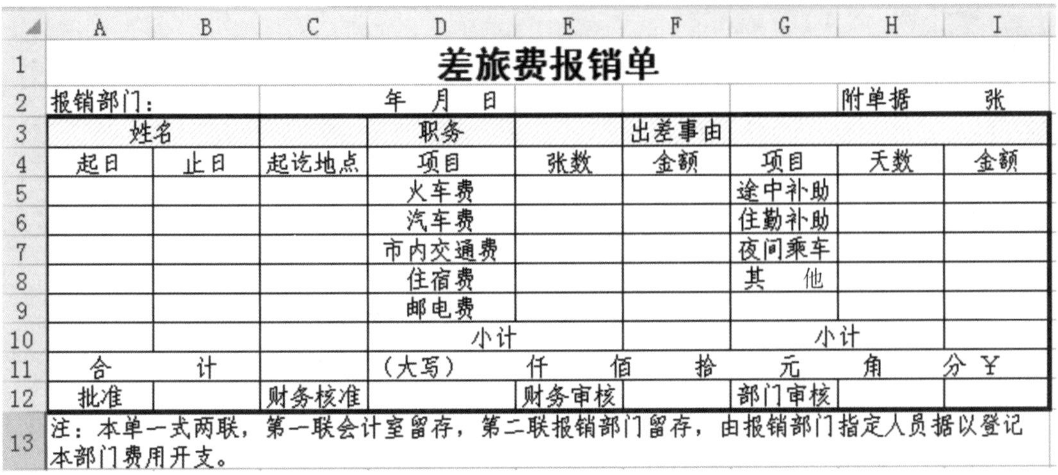

	A	B	C	D	E	F	G	H	I
1	差旅费报销单								
2	报销部门:			年　月　日				附单据　张	
3	姓名			职务		出差事由			
4	起日	止日	起讫地点	项目	张数	金额	项目	天数	金额
5				火车费			途中补助		
6				汽车费			住勤补助		
7				市内交通费			夜间乘车		
8				住宿费			其　他		
9				邮电费					
10				小计			小计		
11	合　计			(大写)　仟　佰　拾　元　角　分 ¥					
12	批准		财务核准		财务审核		部门审核		
13	注：本单一式两联，第一联会计室留存，第二联报销部门留存，由报销部门指定人员据以登记本部门费用开支。								

图 9－10

查询与收集

1. 在 Excel 2010 中，电子工作表的每个单元格的默认格式为______________。

2. 在 Excel 2010 中，如果想要快速选择正在处理的整个单元格范围，如何操作？

拓展提高

在使用 Excel 2010 过程中，默认保存了文件后，下次再使用该文件可能难以找到，这种问题如何解决呢？（文件默认保存路径）

评价反馈：

任务 1　编辑差旅费报销单		
评价项目	分值	得分
1. 学会 Excel 工作表的操作	2	
2. 完成差旅费报销单的制作	3	
3. 掌握 Excel 工作表的格式设置	2	
4. 遵守管理规定及课堂纪律	1	
5. 学习积极主动、勤学好问	2	
教师评价（A、B、C、D）：		

学习总结：

_____

_____

_____

任务 2　编辑产品价格表

学习目标：

1. 掌握如何隐藏或显示工作表。
2. 掌握如何冻结窗格、如何保护工作簿和工作表。
3. 能够根据工作页的要求，完成产品价格表的初步制作。

建议学时：　2 学时。

学习准备：

计算机一体化教学环境（齐全的多媒体设备，师生每人一台电脑）、课件、素材、工作页。

学习过程：

任务描述：王某作为电脑销售主管，经常要对一些产品的报价表进行统计，数据量特别大，在使用过程中查询数据非常麻烦，你能告诉他一些技巧吗？

☞引导问题

1. 如何隐藏当前不需要操作的窗口？

2. 如何隐藏或显示行和列？

3. 如何冻结窗格？如何拆分工作表？

4. 打开素材包中的"xm9 产品价格表.xlsx"，参考图 9 – 11，按如下要求进行操作。
（1）按 G2：H3 单元格要求对"建议零售价"和"批发价"进行计算；
（2）为了方便查阅数据，请选择合适的单元格冻结窗格；

（3）要查看整机价格时能否将配件部分数据进行隐藏；

（4）请按产品类型进行排序；

（5）使用条件格式将报价单中小于1 000的设置为粉红色字体、玫红色底纹，大于1 000的设置为深绿色字体、浅绿色底纹。

	A	B	C	D	E	F	G	H
1				产品目录及价格表				
2	公司名称:					零售价加价率:		20%
3	公司地址:					批发价加价率:		10%
4	序号	产品编号	产品类型	产品型号	单位	出厂价	建议零售价	批发价
14	10	D10001001	硬盘	希捷酷鱼 7200.12 320GB	块	￥340.00	￥408.00	￥374.00
15	11	D20001001	硬盘	西部数据 320GB（蓝版）	块	￥305.00	￥366.00	￥335.50
16	12	D30001001	硬盘	日立 320GB	块	￥305.00	￥366.00	￥335.50
17	13	D30001002	硬盘	东芝Q300 256G SATA3固态硬盘	块	￥650.00	￥780.00	￥715.00
18	14	D30001003	硬盘	西部数据黑盘1TB	块	￥500.00	￥600.00	￥550.00
19	15	V10001001	显卡	昂达 魔剑P45+	块	￥699.00	￥838.80	￥768.90
20	16	V20001002	显卡	华硕 P5QL	块	￥569.00	￥682.80	￥625.90
21	17	V30001001	显卡	微星 X58M	块	￥1,399.00	￥1,678.80	￥1,538.90
22	18	V30001002	显卡	技嘉GV-N960 G1 Gaming-4GD	块	￥1,500.00	￥1,800.00	￥1,650.00
23	19	M10001004	主板	华硕 9800C冰刃版	块	￥799.00	￥958.80	￥878.90
24	20	M10001005	主板	微星 N250GTS-ZD暴雪	块	￥798.00	￥957.60	￥877.80
25	21	M10001006	主板	华硕Z97-A豪华做工全固大板	块	￥880.00	￥1,056.00	￥968.00
26	22	M10001006	主板	盈通 GTX260+游戏高手	块	￥1,199.00	￥1,438.80	￥1,318.90
27	23	LCD001001	显示器	三星 943NW+	台	￥899.00	￥1,078.80	￥988.90
28	24	LCD002002	显示器	优派 VX1940W	台	￥990.00	￥1,188.00	￥1,089.00
29	25	LCD003003	显示器	明基 G900HD	台	￥760.00	￥912.00	￥836.00
30	26	LCD003004	显示器	戴尔P2414H 24英寸IPS液晶	台	￥1,120.00	￥1,344.00	￥1,232.00
31	27	LCD003005	机箱	航嘉MVP MINI II黑色	个	￥120.00	￥144.00	￥132.00

价格表╱拓展案例╱Sheet3╱

就绪　　　　　　　　　　　　　　　　　　　　　　　　　　　　　　数字

图9-11

查询与收集

1. 若对Excel提供的样式不满意怎么处理？

2. 如何为工作表添加背景？

拓展提高

如何快速对所有单元格应用所设置的格式？

评价反馈：

任务2 编辑产品价格表		
评价项目	分值	得分
1. 掌握隐藏或显示工作表操作	1	

（续上表）

任务 2 编辑产品价格表		
评价项目	分值	得分
2. 学会工作表的保护设置	3	
3. 完成产品价格表	2	
4. 学会冻结窗格设置	1	
5. 遵守管理规定及课堂纪律	1	
6. 学习积极主动、勤学好问	2	
教师评价（A、B、C、D）：		

学习总结：

_____

_____

_____

任务 3　对比查看表格数据

学习目标：

1. 掌握如何对比查看表格数据。
2. 掌握数据排序、自动筛选和高级筛选的操作方法。

建议学时： 2 学时。

学习准备：

计算机一体化教学环境（齐全的多媒体设备，师生每人一台电脑）、课件、素材、工作页。

学习过程：

任务描述： 在工作中，有时候会需要对两份内容相近的数据记录清单进行对比，需求不同，对比的的目标和要求也会有所不同。下面根据几个常见的应用环境介绍一下 Excel 表格中数据对比和查找的技巧。

👆 **引导问题**

1. 对比两表的差异。一个是库存表（图 9 - 12），一个是从账务软件导出来的表（图

9－13)，要求比较这两个表中同一物品的库存量是否一致，将结果显示在 Sheet 3 表中。

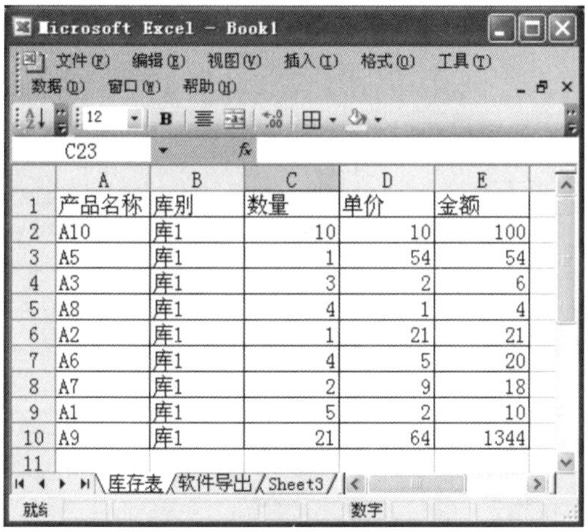

	A	B	C	D	E
1	产品名称	库别	数量	单价	金额
2	A10	库1	10	10	100
3	A5	库1	1	54	54
4	A3	库1	3	2	6
5	A8	库1	4	1	4
6	A2	库1	1	21	21
7	A6	库1	4	5	20
8	A7	库1	2	9	18
9	A1	库1	5	2	10
10	A9	库1	21	64	1344

图 9－12

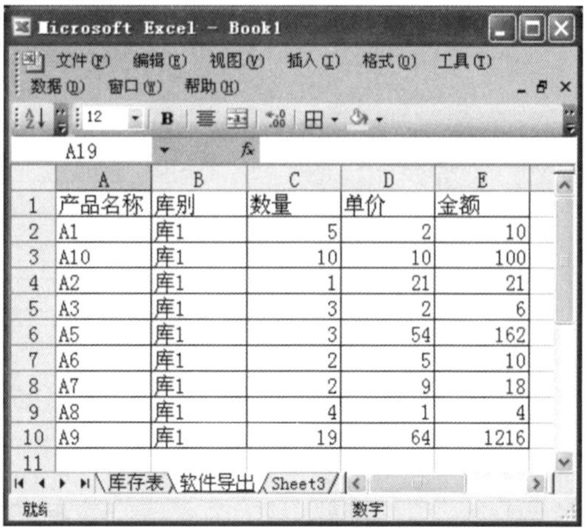

	A	B	C	D	E
1	产品名称	库别	数量	单价	金额
2	A1	库1	5	2	10
3	A10	库1	10	10	100
4	A2	库1	1	21	21
5	A3	库1	3	2	6
6	A5	库1	3	54	162
7	A6	库1	2	5	10
8	A7	库1	2	9	18
9	A8	库1	4	1	4
10	A9	库1	19	64	1216

图 9－13

对比的结果如图 9－14 所示。

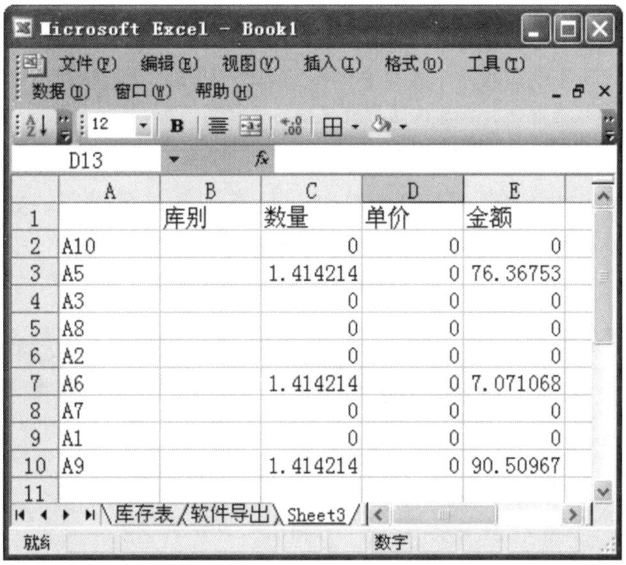

	A	B	C	D	E
1		库别	数量	单价	金额
2	A10		0	0	0
3	A5		1.414214	0	76.36753
4	A3		0	0	0
5	A8		0	0	0
6	A2		0	0	0
7	A6		1.414214	0	7.071068
8	A7		0	0	0
9	A1		0	0	0
10	A9		1.414214	0	90.50967

图 9－14

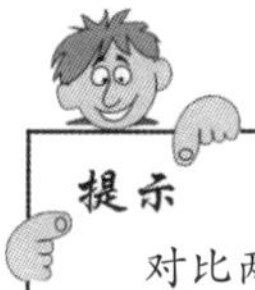

提示

对比两表差异：可采用“数据”选项卡中的“合并计算”，在打开窗口的“函数”下拉菜单中选择“标准偏差”。

2. 对比两表的相同部分。Sheet 1 中包含一份数据清单（图 9 – 15），Sheet 2 中包含一份数据清单（图 9 – 16），要取得如图 9 – 17 所示的两份清单中的共有数据记录（交集）该如何操作？

	A	B
1	货品	数量
2	大米	75
3	小米	56
4	红豆	98
5	绿豆	25
6	苹果	125
7	薏米	78
8	黑米	66
9	挂面	78
10	玉米面	34
11	面粉	84
12	芸豆	14
13	芡实	52

图 9 – 15

	A	B
1	货品	数量
2	大米	75
3	黑米	66
4	红豆	98
5	糙米	55
6	绿豆	25
7	面粉	84
8	黄豆	99
9	芡实	52
10	小米	56
11	薏米	78
12	玉米面	34
13	芸豆	14

图 9 – 16

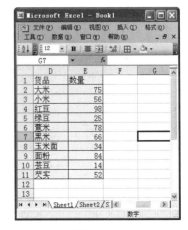

图 9 – 17

提示

对比两表相同部分：可使用"数据"选项卡中的"筛选"，打开"高级筛选"，将 Sheet 1 表设置为筛选区域，Sheet 2 表设置为筛选条件，将筛选结果放置到其他位置。

3. 将图 9 –18 所示学生成绩表中的"总分"从高到低进行排序，如果"总分"相同则看"语文"成绩。（如无素材提供，请自行录入数据后再进行排序）

学号	姓名	政治	语文	数学	英语	物理	化学	总分
1	林美欣	80	86	75	80	88	84	493
2	何亮	86	80	92	86	83	95	522
3	李小红	90	82	87	90	87	86	522
4	邓海全	82	76	86	80	82	79	485
5	麦丽霞	93	88	95	85	86	84	531
6	赵碧云	88	81	85	83	84	80	501
7	马仁刚	75	72	83	82	70	76	458
8	黄伟明	78	70	88	84	73	82	475
9	谢秋莲	95	90	92	96	91	94	558
10	陈国基	66	68	79	77	80	82	452

××中学2003年第一学期高三（2）班学生成绩表

图 9 – 18

4. 数据筛选。使用自动筛选，在图 9-19 所示的表中筛选出总分 >500 分，且政治 >90 分的人。（如无素材提供，请自行录入数据再进行筛选）

××中学2003年第一学期高三（2）班学生成绩表									
学号	姓名	政治	语文	数学	英语	物理	化学	总分	平均分
1	林美欣	90	86	93	92	88	84	533	88.83
2	何亮	83	80	88	86	83	87	507	84.50
3	樊小红	86	82	87	90	87	86	518	86.33
4	邓海全	82	76	86	80	82	79	485	80.83
5	麦丽霞	93	88	95	85	86	84	531	88.50
6	赵碧云	88	81	85	83	84	80	501	83.50
7	马仁刚	75	72	83	82	70	76	458	76.33
8	黄伟明	78	70	88	84	73	82	475	79.17
9	谢秋莲	95	90	92	96	91	94	558	93.00
10	陈国基	66	68	79	77	80	82	452	75.33

图 9-19

5. 使用高级筛选，在图 9-20 所示表格中筛选出总分 >500 分，或者政治 >90 分的人。

××中学2003年第一学期高三（2）班学生成绩表									
学号	姓名	政治	语文	数学	英语	物理	化学	总分	平均分
1	林美欣	90	86	93	92	88	84	533	88.83
2	何亮	83	80	88	86	83	87	507	84.50
3	樊小红	86	82	87	90	87	86	518	86.33
4	邓海全	82	76	86	80	82	79	485	80.83
5	麦丽霞	93	88	95	85	86	84	531	88.50
6	赵碧云	88	81	85	83	84	80	501	83.50
7	马仁刚	75	72	83	82	70	76	458	76.33
8	黄伟明	78	70	88	84	73	82	475	79.17
9	谢秋莲	95	90	92	96	91	94	558	93.00
10	陈国基	66	68	79	77	80	82	452	75.33

图 9-20

提示

筛选

　　筛选过的数据仅显示那些满足指定条件的行，并隐藏那些不希望显示的行。筛选数据之后，对于筛选过的数据的子集，不需要重新排列或移动就可以复制、查找、编辑、设置格式、制作图表和打印。使用自动筛选可以创建三种筛选类型：按值列表、按格式列表、按条件列表。对于每个单元格区域或列表来说，这三种筛选类型是互斥的。例如，不能既按单元格颜色又按数值进行筛选，只能在两者中任选其一；不能既按图标又按自定义筛选进行筛选，只能在两者中任选其一。

6. 图 9-21 中使用高级筛选得出"销售额 >平均销售额"的数据，请在 D2 单元格写出筛选条件。"销售额 >6000 AND 销售额 <6500 OR 销售额 <500"，请在 E2：F3 单元格写出筛选条件。

	A	B	C	D	E	F
1	类型	销售人员	销售额	计算的平均值	销售额	销售额
2	饮料	方建文	¥5 122			
3	肉类	李小明	¥450			
4	农产品	郑建杰	¥6 328			
5	农产品	李小明	¥6 544			

图 9 – 21

查询与收集

1. 如果数据排序出现意外的结果，该执行哪些操作来解决问题？
2. 在高级筛选中将公式的计算结果作为条件使用时有哪些注意事项？

拓展提高

如果按单元格颜色或字体颜色手动或有条件地设置了单元格区域或列表的格式，那么，是否可以按这些颜色进行排序？试着在图 9 – 22 所示表格中将"出厂价"一列按颜色进行排序。

	A	B	C	D	E	F
1	产品编号	产品类型	产品型号	单位	出厂价	
2	V30001002	显卡	技嘉GV－N960 G1 Gaming-4GD	块	¥1,500.00	
3	V30001001	显卡	微星 X58M	块	¥1,399.00	
4	C10001005	CPU	Inter P45	颗	¥1,230.00	
5	M10001006	主板	盈通 GTX260+游戏高手	块	¥1,199.00	
6	LCD003004	显示器	戴尔P2414H 24英寸IPS液晶	台	¥1,120.00	
7	LCD002002	显示器	优派 VX1940W	台	¥990.00	
8	LCD001001	显示器	三星 943NW+	台	¥899.00	
9	M10001006	主板	华硕Z97－A豪华做工全固大板	块	¥880.00	
10	M10001004	主板	华硕 9800G冰刃版	块	¥799.00	
11	M10001005	主板	微星 N250GTS-ZD暴雪	块	¥798.00	
12	LCD003003	显示器	明基 G900HD	台	¥760.00	
13	V10001001	显卡	昂达 魔剑P45+	块	¥699.00	
14	C10001004	CPU	Inter I5-4590盒装原包	颗	¥680.00	
15	D30001002	硬盘	东芝Q300 256G SATA3固态硬盘	块	¥650.00	
16						

价格表 / 拓展案例 / Sheet3

图 9 – 22

评价反馈：

任务 3　对比查看表格数据		
评价项目	分值	得分
1. 掌握 Excel 格式设置操作方法	1	
2. 学会排序操作	2	
3. 学会筛选操作	2	
4. 完成指定任务	2	
5. 遵守管理规定及课堂纪律	1	
6. 学习积极主动、勤学好问	2	
教师评价（A、B、C、D）：		

学习总结：

项目十 Excel 表格格式的设置

班级：   日期：

姓名：   指导教师：

学习目标：

1. 学会 Excel 表格中特殊格式的设置。
2. 学会使用数据有效性控制用户输入单元格的数据或值的类型。
3. 学会使用数据透视表或数据透视图呈现汇总数据。
4. 学会在多种布局中选择创建 SmartArt 图形。

建议学时： 6 学时。

工作情境描述：

用 Excel 2010 创建工作表后，还可以使用数据有效性控制用户输入单元格的数据或值的类型。例如，你可以使用数据有效性将数据输入限制在某个日期范围内，并使用列表限制选择或者确保只输入正整数。数据透视表对于汇总、分析、浏览和呈现汇总数据非常有用；数据透视图则有助于形象呈现数据透视表中的汇总数据，以便你轻松查看并比较模式和趋势等。两种报表都能让你就企业中的关键数据做出明智决策。SmartArt 图形是信息和观点的视觉表示形式。可以通过从多种不同布局中进行选择来创建 SmartArt 图形，从而快速、轻松、有效地传达信息。

工作流程与活动：

1. 设置页眉页脚。
2. 设置打印标题及分页符。
3. 设置数据有效性。
4. 建立数据透视表及数据透视图。
5. 创建 SmartArt 图形。

任务 1　设置房屋租赁明细表

学习目标：

1. 学会录入公式。

2. 学会使用选择性粘贴。

3. 设置页眉、页脚。

建议学时： 2 学时。

学习准备：

计算机一体化教学环境（齐全的多媒体设备，师生每人一台电脑）、课件、素材、工作页。

学习过程：

👆 **引导问题**

1. Excel 2010 的工作窗口有些地方与 Word 2010 工作窗口是不同的，例如 Excel 2010 有一个编辑栏（又称为公式栏），它被分为左、中、右三个部分，左面部分显示出_____。（请看图 10－1）

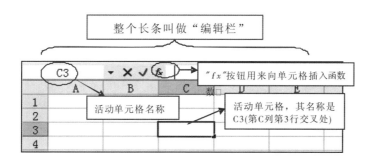

图 10－1

2. Excel 2010 主界面窗口中编辑栏上的"*fx*"按钮用来向单元格插入_____。

3. 按要求编辑如下公式，以"A3. xlsx"名称保存。

$$f(x) = \frac{a_0}{2} + \sum_{n=1}^{\infty} (a_n \cos\frac{n\pi x}{l} + b_n \sin\frac{n\pi x}{l}),\ 周期 = 2l$$

$$其中 \begin{cases} a_n = \dfrac{1}{l}\int_{-l}^{l} f(x)\cos\dfrac{n\pi x}{l} dx & (n = 1, 2, \ldots) \\[4mm] b_n = \dfrac{1}{l}\int_{-l}^{l} f(x)\sin\dfrac{n\pi x}{l} dx & (n = 1, 2, 3, \ldots) \end{cases}$$

4. 打开素材包中的"xm10_1房屋租赁明细表.xlsx"工作簿，按图10 – 2所示样式插入自定义页眉和页脚。

5. 将工作表中第1、2行设置为打印标题。

6. 在第20行的位置插入分页符。

某公寓房屋租费明细表

2016-12-1514:20

房号	方式	姓名	水费					电费					房租费	视听费	保洁费	其它	合计
			本期	上期	实用	单价	金额	本期	上期	实用	单价	金额					
1-101	现金	李一定	374	374		1.5		1879	1831	48	1	48	90	14	10		162
1-102	现金	王水	31	31		1.5		843	843		1						
1-103	现金	孙小敏	867	861	6	1.5	9	1555	1502	53	1	53	90	14	10		176
1-104	现金	王丽芬	562	562		1.5		562	562		1						
1-105	现金	吉米	191	191		1.5		563	563		1						
1-106	转账	大卫	564	561	3	1.5	5	1752	1564	188	1	188			10		293
1-107	刷卡	末明	413	413		1.5		2768	2768		1						
1-108	转账	张玉	253	241	12	1.5	18	2181	2093	88	1	88	90	14	10		220
1-109	转账	张小宝	231	229	2	1.5	3	1251	1187	64	1	64	90	14	10		181

图 10 – 2

![IE] **查询与收集**

1. Excel 2010 怎样取消分页符？

2. 我们讲到为 Excel 工作表添加背景，不过有时我们不需要为整个 Excel 工作表设置背景，而只需要为某一列或者某一行设置背景，这个时候该怎么办呢？

拓展提高

Excel 中怎么隔行隔列显示颜色？要区分表格行列的颜色以便于浏览，可以设置标色一行多行或者一列多列。打开素材包中的"xm10_1 房屋租赁明细表.xlsx"工作簿，按图 10 – 3 所示样式设置隔行底纹颜色。

房号	方式	姓名	水费					电费					房租费	视听费	保洁费	其它	合计
			本期	上期	实用	单价	金额	本期	上期	实用	单价	金额					
1-101	现金	李一定	374	374		1.5		1879	1831	48	1	48	90	14	10		162
1-102	现金	王水	31	31		1.5		843	843		1						
1-103	现金	孙小敏	867	861	6	1.5	9	1555	1502	53	1	53	90	14	10		176
1-104	现金	王丽芬	562	562		1.5		562	562		1						
1-105	现金	吉米	191	191		1.5		563	563		1						
1-106	转账	大卫	564	561	3	1.5	5	1752	1564	188	1	188	90		10		293
1-107	刷卡	宋明	413	413		1.5		2768	2768		1						
1-108	转账	张玉	253	241	12	1.5	18	2181	2093	88	1	88	90	14	10		220
1-109	转账	张小宝	231	229	2	1.5	3	1251	1187	64	1	64	90	14	10		181
1-110	转账	李连杰	162	162		1.5		371	371		1						

图 10 – 3

评价反馈：

任务1　设置房屋租赁明细表		
评价项目	分值	得分
1. 掌握 Excel 表格设置	1	
2. 掌握边框底纹设置	3	
3. 掌握条件格式设置	2	
4. 完成房屋租赁明细表	1	
5. 遵守管理规定及课堂纪律	1	
6. 学习积极主动、勤学好问	2	
教师评价（A、B、C、D）：		

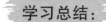

学习总结：

任务 2　设置员工管理表

学习目标：

1. 学会设置数据的有效性。
2. 学会定义序列。

建议学时： 2 学时。

学习准备：

计算机一体化教学环境（齐全的多媒体设备，师生每人一台电脑）、课件、素材、工作页。

学习过程：

任务描述： 在 Excel 工作表中记录数据时，难免会出现录入上的错误，而这样的错误有时会给后续工作带来相当大的麻烦，甚至给公司带来巨大损失。负责公司人事的小张在寻找一种能够使录入上的错误率降至最低的有效途径。其实，Excel 本身所提供的"数据有效性"功能，就是解决这一问题的最佳手段。

👆**引导问题**

1. 打开素材包中的"xm10_2 员工管理表 . xlsx"工作簿，在"基本信息"工作表中使用数据有效性设置性别，列为可选项，输入男、女，如图 10 - 4 所示。

图 10 – 4

提示

命名列表范围

如果你在一个工作表中输入了一个有效性列表条目，并且给它定义了名称，你就可以在同一工作簿的其他工作表中的"数据有效性"对话框中引用这个名称。

2. 打开素材包中的"xm10_2 员工管理表 . xlsx"工作簿，在"工资表"工作表中设置奖金一列输入数值为 50～200 之间的整数，设置选定该列任意单元格时显示信息为"奖金标准为 50～200 元"，如出错，则给予停止并显示"数据超出奖金范围"，如图 10 – 5 所示。

图 10 – 5

3. 打开素材包中的"xm10_2 员工管理表 . xlsx"工作簿，在"基本信息"工作表中使用数据有效性设置"入公司时间"的有效值为从公司成立日期（2010 - 9 - 1）到今天，如图 10 - 6 所示。

	F 年龄	G 工龄	H 部门	I 职务	J 入公司时间
1	年龄	工龄	部门	职务	入公司时间
2	36	11		主管	2012-9-6
3	33	11		副主管	
4	31	11		员工	
5	27	8		员工	
6	51	10		副主管	
7	30	10		员工	
8	33	10		员工	
9	32	9		主管	
10	32	9		员工	
11	34	10		副主管	

基本信息 / 考勤 / 工资表 /

图 10 - 6

4. 打开素材包中的"xm10_2 员工管理表 . xlsx"工作簿，在"基本信息"工作表中使用数据有效性设置"身份证号码"的长度为 18 位，如图 10 - 7 所示。

	C 性别	D 出生日期	E 身份证号码	
1	性别	出生日期	身份证号码	
2			132930197508247845	
3				
4				
5				
6				
7				
8				
9				
10				
11				

基本信息 / 考勤 / 工资表 /

图 10 - 7

提示

数据有效性

数据有效性并非十分安全。它可以通过粘贴在单元格输入其他数据，并且可以通过"编辑"→"清除"→"全部清除"取消它。

查询与收集

1. 如何查找具有数据有效性设置的单元格？

2. 有时，我们在不同行或不同列之间要分别输入中文和英文，我们希望 Excel 能自动实现输入法在中英文间的转换，你知道怎样实现吗？

拓展提高

员工的身份证号码应该是唯一的，为了防止重复输入，我们用"数据有效性"提示大家吧。请你试试打开素材包中的"xm10_2 员工管理表.xlsx"工作簿，在"基本信息"工作表中使用数据有效性设置"身份证号码"输入重复数据时，系统会弹出提示对话框，并拒绝接受输入的号码。

评价反馈：

任务 2　设置员工管理表		
评价项目	分值	得分
1. 认识数据有效性	1	
2. 制作定义序列	3	
3. 认识数据有效性的使用情况	2	
4. 完成员工管理表	1	
5. 遵守管理规定及课堂纪律	1	
6. 学习积极主动、勤学好问	2	
教师评价（A、B、C、D）：		

学习总结：

_____

_____

_____

任务 3　销售订单月表分析

学习目标：

1. 认识 SmartArt 图形。
2. 认识数据透视表和数据透视图的使用特性。
3. 学习数据透视表和数据透视图的制作、数据格式设置的综合应用。

建议学时：　2 学时。

学习准备:

计算机一体化教学环境（齐全的多媒体设备，师生每人一台电脑）、课件、素材、工作页。

学习过程:

任务描述：小吴是一家公司销售部门的员工，每天要面对很多销售信息，对这些数据进行统计、分析是他的工作之一，使用 Excel 完成这些工作是最合适的。可是小吴在分析这些数据时，只会使用 Excel 中的排序、自动筛选等功能，至多加上一些简单的函数帮忙，面对每天都会生成的大量数据，案头的工作已经成为他很重的包袱。

👉 引导问题

1. SmartArt 图形和图表分别应在什么情况下使用？

2. 如果希望通过插图说明公司或组织中的上下级关系，你可以创建一个使用＿＿＿＿布局的 SmartArt 图形，你还可以创建带有图片的＿＿＿＿，这些图片与 SmartArt 图形中的每个人相关联。

提示

　　SmartArt 图形共分 7 种类型，每种类型都有特定的适用领域，我们可根据需要，选择不同的 SmartArt 图形类型进行相关编辑。

　　比如，为了表达一个特定事件的时间进程或空间指向，可选择流程图类型；为了表达周而复始或循环运行的事项，可选择循环类型；若要表达整体与局部的关系，则可选择关系类型或者矩阵类型；若要表达组织结构图或决策树形图，可选择层次结构类型。

3. 完成图 10 - 8 所示的组织结构图。

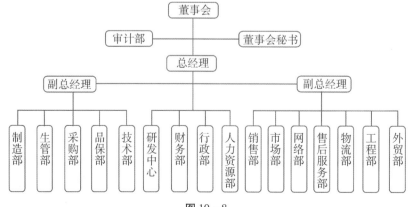

图 10 - 8

4. 完成图 10 - 9 所示的关系图。

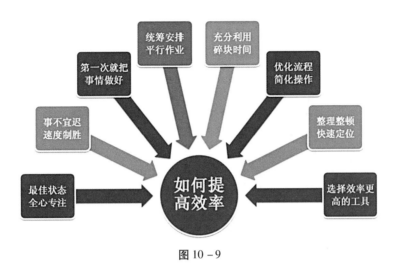

图 10 - 9

5. 在数据透视表的空框架中，一共有四个不同的区域，分别是_____区、_____区、_____区以及_____区。这四个区域都可以包容一个或多个源数据表中的字段信息，但是由于它们的位置不同，所以它们的名称和作用也完全不同。

提示

　在数据透视表中，"行字段"区和"列字段"区的作用是分类；"数据项"区的作用是汇总（汇总有"求和""求平均""计数"等多种方式）；"页字段"区的作用则主要是分类筛选。无论是哪个区域，操作都是相同的，都是将字段列表中的"字段名"拖动至相应的位置即可。

6. 如果看不到"数据透视表字段列表"怎么办？

7. "数据透视表"工具栏在什么位置？

8. 打开素材包中的"xm10_3 销售订单月表 . xlsx"文件，这个表中记录了有关订单和销售的 4 个字段，分别是"订单号""订单金额""销售人员"和"部门"，如图 10 - 10 所示。

A	B	C	D
1		销售订单月表	
2 订单号	订单金额	销售人员	部门
3 A2016001	¥3,045.00	江思情	销售1部
4 A2016002	¥4,302.00	郝任嘉	销售1部
5 A2016003	¥2,225.00	曾晓彤	销售4部
6 A2016004	¥3,321.00	邱云儿	销售2部
7 A2016005	¥3,222.00	林月清	销售3部
8 A2016006	¥3,435.00	李晨	销售1部
9 A2016007	¥4,643.00	李小皖	销售3部
10 A2016008	¥ 785.00	尹南	销售1部
11 A2016009	¥3,345.00	董旭	销售1部
12 A2016010	¥7,545.00	薛婧	销售3部
13 A2016011	¥8,654.00	陈郁	销售1部
14 A2016012	¥3,453.00	陈露	销售2部
15 A2016013	¥2,578.00	李一定	销售1部
16 A2016014	¥ 335.00	于水	销售2部

Sheet1 / Sheet2 / Sheet3

就绪

图 10 – 10

（1）以"销售人员"分类查询订单总额。（单字段分类、单字段汇总）

提示

　　既然是以销售人员分类，就要将数据透视表中的"销售人员"字段拖动至"行字段"区或"列字段"区以进行自动分类；再将"订单金额"字段拖动至"数据项"区，以进行求和汇总。这种在透视表的不同区域拖放一个字段的方式是最基本的"分类汇总"操作。

（2）以"部门"和"销售人员"分类查询订单总额和总订单数（多字段、分类多字段汇总），如图 10 – 11 所示。

行标签 ▼	计数项:订单号	求和项:订单金额
⊟**销售1部**	**19**	**58123**
郝任嘉	6	29847
江思情	5	14912
李晨	3	5504
宋明	5	7860
⊟**销售2部**	**6**	**16719**
大卫	6	16719
⊟**销售3部**	**9**	**30424**
丁一	5	10678
林月清	4	19746
⊟**销售4部**	**5**	**9566**
吴花儿	5	9566
总计	**39**	**114832**

图 10 – 11

（3）按照指定的"部门"查询销售情况（利用"页字段"进行筛选），如图 10 – 12 所示。

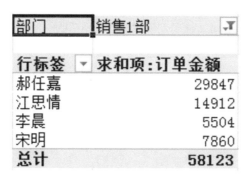

图 10 – 12

📖 查询与收集

1. 在默认情况下，数据透视表的汇总方式为求和，如何更改汇总方式呢？
2. 创建好数据透视表后，如源工作表中的数据发生变化，如何更新数据透视表？

📖 拓展提高

1. 打开素材包中的"xm10_4.xlsx"工作簿（如图 10 – 13 所示），根据下列要求分别完成数据透视表和数据透视图的制作。

（1）统计各销售员销售各种品牌电视机的数量。
（2）统计各种品牌电视机的总销售额。
（3）统计各销售员的总销售额。
（4）统计各种运输方式下的总销售额。

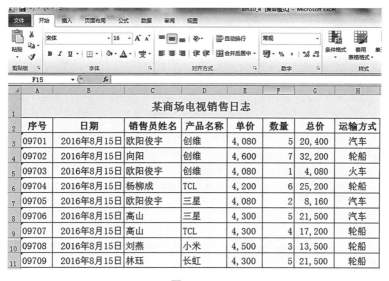

图 10 – 13

评价反馈：

任务 3　销售订单月表分析		
评价项目	分值	得分
1. 完成 SmartArt 图形	1	
2. 了解 SmartArt 图形适用类型	3	
3. 认识数据透视表	2	
4. 完成销售订单月表的分析	1	
5. 遵守管理规定及课堂纪律	1	
6. 学习积极主动、勤学好问	2	
教师评价（A、B、C、D）：		

学习总结：

项目十一　Excel 公式与函数的使用

班级：　　　　　　　　　　　　日期：

姓名：　　　　　　　　　　　　指导教师：

学习目标：

1. 认识单元格的相对引用和绝对引用。
2. 学会公式与函数的的使用方法。
3. 学会公式与函数在生活中的简单应用。

建议学时：　4 学时。

工作情境描述：

日常工作中经常涉及数据的管理和计算，我们可以使用 Excel 表格中的公式与函数来完成日常工作和管理中的部分事项。

工作流程与活动：

1. Excel 基本函数的使用方法。
2. Excel 公式的使用方法。

任务 1　计算学生成绩表

学习目标：

1. 掌握 Excel 的公式组成格式，理解函数的概念。
2. 掌握常见函数（SUM，AVERAGE）的使用。
3. 掌握使用函数（SUM，AVERAGE）对所给数据求和、求平均值的方法，并且能够根据工作需要修改函数参数，并且能够利用所学知识与技能来解决现实生活中所遇到的问题。

建议学时：　2 学时。

学习准备：

计算机一体化教学环境（齐全的多媒体设备，师生每人一台电脑）、课件、素材、工作页。

学习过程：

任务描述： 每到学期末考试结束后，整理成绩对老师来说都是一件麻烦又烦琐的事情，其实使用 Excel 2010 的函数功能事情会变得非常简便。我们来使用 Excel 2010 的函数功能整理学生成绩吧。

👆引导问题

1. 公式始终以等号 _____ 开头。公式可以包含下列部分内容或全部内容：_____、_____、_____ 和 _____ 。

2. 绝对引用、相对引用和混合引用之间的区别是什么？

3. ＝AVERAGE（A2：A6，5）该公式说明：_____。

提示

自动求和"Σ"

在如图 11 − 1 所示的表格中，选中黄色区域，再单击工具栏上的"Σ"按钮，电脑会立即给出自动求和的结果。Excel 设计得非常智能化，在单击"Σ"按钮之前，不论你选择的是 B14：F19、C15：E18、C15：F19 或者是橙色区域，电脑都能立即给出正确的合计结果。

	A	B	C	D	E	F	G
13							
14		姓名	语文	数学	英语	总成绩	
15		孙小小	90	77	56		
16		刘丹	88	87	74		
17		王同同	75	60	56		
18		丁林林	77	89	99		
19		合计					
20							

图 11 − 1

4. 图 11－2 是某班的期中考试成绩统计表，按题目要求把原文做出样表（图 11－3）的样子：

（1）求出每门学科的全体学生平均分，填入该课程的"平均分"一行中（小数取 1 位）。

（2）把第 14 行的行高改为 20，A3：I3 单元格内的字改为蓝色楷体字，字号 12，并垂直居中。

（3）求出每位学生的总分后填入该学生"总分"一列中。

（4）求出每位学生的平均分后填入该学生的"平均分"一列中。

（5）将所有学生按总分从高到低排序。

（6）将总分最高的一位同学的所有数据用红色字体表示。

提示

当对单元格中的数值求平均值时，应牢记空单元格与含零值单元格的区别，尤其是在清除了"Excel 选项"对话框中的"在具有零值的单元格中显示零"复选框时。选中此选项后，空单元格将不计算在内，但零值会计算在内。

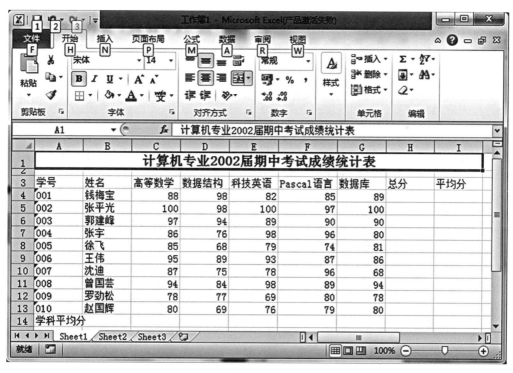

图 11－2

	A	B	C	D	E	F	G	H	I
1	计算机专业2002届期中考试成绩统计表								
3	学号	姓名	高等数学	数据结构	科技英语	Pascal语言	数据库	总分	平均分
4	002	张平光	100	98	100	97	100	495	99
5	003	郭建峰	97	94	89	90	90	460	92
6	008	曾国芸	94	84	98	89	94	459	91.8
7	006	王伟	95	89	93	87	86	450	90
8	001	钱梅宝	88	98	82	85	89	442	88.4
9	004	张宇	86	76	98	96	80	436	87.2
10	007	沈迪	87	75	78	96	68	404	80.8
11	005	徐飞	85	68	79	74	81	387	77.4
12	010	赵国辉	80	69	76	79	80	384	76.8
13	009	罗劲松	78	77	69	80	78	382	76.4
14	学科平均分		89	82.8	86.2	87.3	84.6	429.9	85.98

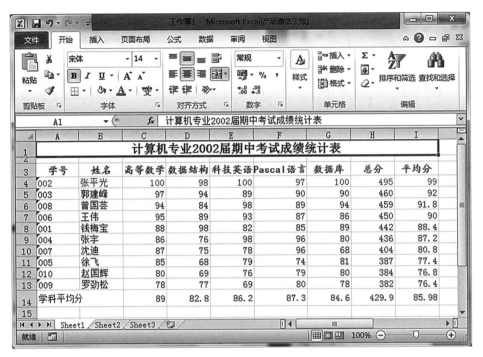

图 11－3

5. 根据工作页的要求，完成图 11－4 所示的成绩表的计算 。

（1）利用公式算出“总分”和“平均分”的值。

（2）利用工具栏的自动求和功能，分别算出“总分”“平均分”“最高分”和“最低分”。

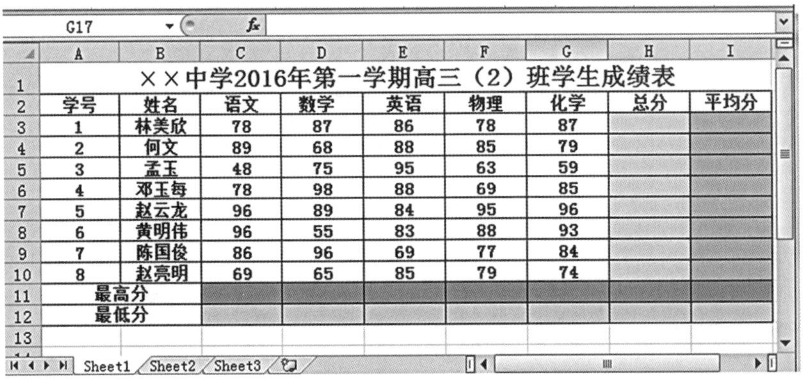

	A	B	C	D	E	F	G	H	I
1	××中学2016年第一学期高三（2）班学生成绩表								
2	学号	姓名	语文	数学	英语	物理	化学	总分	平均分
3	1	林美欣	78	87	86	78	87		
4	2	何文	89	68	88	85	79		
5	3	孟玉	48	75	95	63	59		
6	4	邓玉每	78	98	88	69	85		
7	5	赵云龙	96	89	84	95	96		
8	6	黄明伟	96	55	83	88	93		
9	7	陈国俊	86	96	69	77	84		
10	8	赵亮明	69	65	85	79	74		
11	最高分								
12	最低分								

图 11－4

提示

很多时候用“Σ”自动求和都不能得出我们预期的公式。需要借助插入函数向导或手动输入公式。单击“插入”→“函数”或者单击编辑栏左侧的“fx”，将打开插入函数对话框。借助“插入函数”对话框可以查看函数及各参数说明，单击左下角“有关该函数的帮助”，可打开该函数的帮助文件。

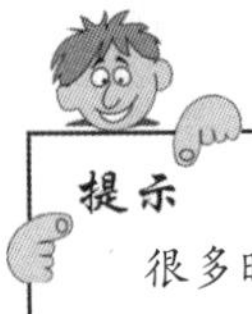

查询与收集

查询 Excel 公式计算中数组的使用方法。

拓展提高

SUM 函数只能用于求和吗？它还能做什么？在图 11 - 5 所示的学生档案中，利用 SUM 函数分别求男生、女生的数量。

	A	B	C	D	E	F	G	H
1	班别	姓名	性别	年龄				
2	一班	林美欣	男	22		男生数量		
3	一班	何文	女	26		女生数量		
4	一班	孟玉	男	23				
5	二班	邓玉每	女	22				
6	二班	赵云龙	女	23				
7	二班	刘丹	男	27				
8	二班	王同同	女	26				

图 11 - 5

评价反馈：

任务 1　计算学生成绩表		
评价项目	分值	得分
1. 学会求和操作	2	
2. 学会求平均值操作	3	
3. 完成的表格与样表一致	2	
4. 遵守管理规定及课堂纪律	1	
5. 学习积极主动、勤学好问	2	
教师评价（A、B、C、D）：		

学习总结：

任务 2 实现成绩等级自动划分

学习目标：

1. 认识 IF 函数，理解函数的概念。
2. 学会函数的嵌套，灵活地运用 Excel 中的 IF 函数解决问题。
3. 了解 AND、OR 函数的使用方法。
4. 使用 IF、AND 和 OR 函数完成成绩等级的划分。

建议学时： 2 学时。

学习准备：

计算机一体化教学环境（齐全的多媒体设备，师生每人一台电脑）、课件、素材、工作页。

学习过程：

任务描述：期末考试成绩汇总后，要根据学生的成绩及出勤情况划分等级，以此确定学生奖学金的等级。全年级有上千名学生，年级长怎样才能以最快的速度完成学生奖学金等级的划分呢？在 Excel 工作表中进行数据统计分析等操作时，经常需要根据某些条件进行判断，从而得到所需要的结果，这时就要用到逻辑函数。逻辑函数根据条件的真假来判断并返回不同的数值。

👆 引导问题

1. 公式中的符号须为_____，IF 与括号之间不能有_____，而且最多嵌套 _____层。
2. AND："与"运算，返回逻辑值，仅当有参数的结果均为逻辑"真（TRUE）"时返回逻辑"真（TRUE）"，反之返回逻辑"假（FALSE）"。

提示

函数名称：AND

主要功能：返回逻辑值。如果所有参数值均为逻辑"真（TRUE）"，则返回逻辑"真（TRUE）"，反之返回逻辑"假（FALSE）"。

使用格式：AND (logical1，logical2，…)

参数说明：Logical1，Logical2，Logical3……表示待测试的条件值或表达式，最多列 30 个。

特别提醒：如果指定的逻辑条件参数中包含非逻辑值，则函数返回错误值"#VALUE!"或"#NAME"。

3. OR 函数：仅当所有参数值均为逻辑"假（FALSE）"时返回结果逻辑"假（FALSE）"，否则都返回逻辑"真（TRUE）"。

提 示

函数名称：OR

主要功能：返回逻辑值。仅当所有参数值均为逻辑"假（FALSE）"时返回函数结果逻辑"假（FALSE）"，否则都返回逻辑"真（TRUE）"。

使用格式：OR（logical1，logical2，...）

参数说明：Logical1，Logical2，Logical3……表示待测试的条件值或表达式，最多列 30 个。

特别提醒：如果指定的逻辑条件参数中包含非逻辑值，则函数返回错误值"#VALUE!"或"#NAME"。

4. 打开素材包中的"xm11_2 语言课程成绩表.xlsx"文件（如图 11 - 6 所示），计算每一个学生的总评成绩，并按总评成绩划分成绩等级。

（1）总评成绩按平时占 20%，期中占 30%，期末占 50% 计算。

（2）成绩等级按总评成绩划分：85 ~ 100 为优秀，75 ~ 84 为良好，60 ~ 74 为及格，60 以下为不及格。

（3）标题字体为红色、黑体、20 号字，行高 26，在 A2：H2 区域内跨列居中。

（4）内框细线，外框粗线。

（5）字段名所在行的背景为浅蓝色。

	A	B	C	D	E	F	G	H
1								
2	2000级Java语言课程成绩表							
3	学号	姓名	组别	平时	期中	期末	总评成绩	成绩等级
4	99×××××××××301	梁志芳	A	35	44	40		
5	99×××××××××302	何毅力	C	73	26	59		
6	99×××××××××303	梁智力	C	39	34	43		
7	99×××××××××304	蒲月民	A	63	21	85		
8	99×××××××××305	武小放	C	68	84	51		
9	99×××××××××306	黄晓名	C	47	56	76		

Java成绩表

图 11 - 6

5. 打开素材包中的"xm11_3 学生成绩表.xlsx"文件（如图 11 - 7 所示），根据要求进行计算。

（1）输入公式，计算出每个学生的"总评成绩"（各项成绩占总分的比例见表的标题栏）。

（2）输入公式，给出每人的"成绩等级"：总评成绩≥80 且未旷课者为优；有旷课且旷课≤5 者，总评成绩≥80 者为良，总评成绩≥70 者为中，总评成绩≥60 者为及格；其余均为不及格。

	A	B	C	D	E	F	G
8	99级初三(4)班学生成绩						
9	姓名	旷课	平时(10%)	期中考(30%)	期末考(60%)	总评成绩	成绩等级
10	王陈鸣	4	91	83	80		
11	陈艳丹	5	78	62	59		
12	张媛宜	6	91	98	82		
13	李旖旎	3	81	60	52		
14	夏瑶琳	0	69	78	80		
15	何丽兰	0	90	91	88		
16	陈晓敏	1	85	80	83		
17	帅际晟	3	88	65	76		
18	张小凤	2	62	66	58		
19	陆晓鸣	0	92	90	87		
20	余齐杰	0	96	88	86		
21	陈静	3	89	75	98		
22	陈醉	2	65	85	68		
23	邓江东	1	55	65	89		
24	丁秋宜	0	89	95	95		

学生成绩

就绪

图 11－7

查询与收集

Excel 如何实现函数 IF 的嵌套超过 7 层？

拓展提高

在 Excel 工作表中，经常会出现多个部门填写同一张表的情况，这样就出现了一个不可避免的问题——多个数据的比较。如何使用 IF 函数对数据进行多个单位的对比？

评价反馈：

任务 2　实现成绩等级自动划分		
评价项目	分值	得分
1. 学会 IF、AND、OR 函数操作	4	
2. 完成任务中的计算	3	
3. 遵守管理规定及课堂纪律	1	
4. 学习积极主动、勤学好问	2	
教师评价（A、B、C、D）：		

学习总结：

项目十二　Excel 表格数据的分析与统计

班级：　　　　　　　　　　　日期：

姓名：　　　　　　　　　　　指导教师：

学习目标：

1. 学会对表格数据进行合并计算。
2. 学会对数据分类汇总。
3. 学会对表格数据进行统计分析。

建议学时：　4 学时。

工作情境描述：

在平时工作中，我们经常会用 Excel 表格做一些数据的统计，有时候表格太多，要不停地切换表格进行统计，这样不但烦琐，而且很容易出错，有没有方便快捷一些的方法呢？当然有！合并计算功能可以把多个格式相同的表格数据进行合并计算，分析数据功能可以对多个格式相同的表格数据进行分析。

工作流程与活动：

1. 对数据进行合并计算。
2. 对数据分类汇总。
3. 建立数据透视表。

任务 1　合并计算产品销量

学习目标：

1. 掌握表格数据的合并计算。
2. 学会使用分类汇总管理数据。

建议学时：　2 学时。

学习准备：

计算机一体化教学环境（齐全的多媒体设备，师生每人一台电脑）、课件、素材、工作页。

学习过程：

👆引导问题

1. 进行合并计算要注意哪些事项？

2. 若要设置合并计算，以便它在另一个工作簿中的源数据发生变化时能够自动进行更新，可以选中"创建指向源数据的链接"复选框。请问该复选框有什么意义？

提示

为避免在目标工作表中所合并的数据覆盖现有数据，请确保在此单元格的右侧和下面为合并数据留出足够多的单元格。

3. 打开素材包中的"xm12_1 合并计算表.xlsx"文件，如图 12 – 1 所示。

（1）参照"一分店"工作表，计算其他九家分店的销售金额和合计数据。

（2）参照"一分店"工作表，完成其他九家分店销售表格的格式设置。

（3）在"合并计算"工作表中，对十家分店的销售数量和销售金额进行计算。

	A	B	C	D	E	F	G	H	I	J
1 2	商品编码	商品名称	单价	单位	销售数量	上旬 销售金额(元)	销售数量	中旬 销售金额(元)	销售数量	下旬 销售金额(元)
3	53387501	大草原半斤装牛奶	¥1.00	袋						
4	53387502	鹿维营幼儿奶粉	¥17.80	袋						
5	53387503	康达饼干	¥3.60	包						
6	53387504	成成香瓜子	¥5.50	包						
7	53387505	良凉奶油冰激凌	¥7.90	盒						
8	53387506	正中啤酒	¥2.00	瓶						
9	53387507	小幻熊卫生纸	¥12.80	袋						
10	53387508	皮皮签字笔	¥2.10	支						
11	53387509	虎妞毛巾	¥8.10	条						
12	53387510	丝柔洗头水	¥30.20	瓶						
13	53387511	爽特抗菌香皂	¥3.10	块						
14	53387512	汇成鸡肉火腿	¥2.70	根						
15	53387513	家欢面包	¥3.10	个						
16	53387514	婉光方便面	¥3.70	碗						
17	53387515	珍珍酱油	¥3.10	瓶						
18	合计									

一分店 / 二分店 / 三分店 / 四分店 / 五分店 / 六分店 / 七分店 / 八分店

图 12 – 1

4. 打开素材包中的"xm12_2 成绩管理.xlsx"文件，用分类汇总和数据透视表两种方法，统计出各班中各籍贯的人数，结果如图 12 –2 所示。

7	序号	学号	班别	组别	姓名	性别	籍贯	出生日期	年龄	语文	数学	英语	政治	历史	地理	生物
11							广州 计数									3
25							从化 计数									13
33							花都 计数									7
44							番禺 计数									10
55							新丰 计数									10
56			初二(1)班　计数													43
65							广州 计数									8
76							从化 计数									10
83							花都 计数									6
94							番禺 计数									10
102							新丰 计数									7
103			初二(2)班　计数													41
111							广州 计数									7
122							从化 计数									10
130							花都 计数									7
143							番禺 计数									12
149							新丰 计数									5
150			初二(3)班　计数													41
161							广州 计数									10
170							从化 计数									8
181							花都 计数									10
186							番禺 计数									4
198							新丰 计数									11
199			初二(4)班　计数													43
200									总计数							168

图 12 - 2

提示

　　在进行分类汇总之前，首先要确定分类的依据。在确定分类依据后，还不能直接进行分类汇总，必须按照选定的分类依据将数据清单排序（如图 12 - 3 所示），否则可能会造成分类汇总的错误。

			男					男 汇总	女				
班别 ▾	组别 ▾	数据 ▾	广州	番禺	花都	从化	新丰		广州	番禺	花都	从化	新丰
初二(1)班	第二组	平均值项:语文			71.33	84.50		76.60	69.00	58.00		69.00	
		平均值项:数学			63.00	77.50		68.80	53.00	50.00		67.00	
		平均值项:英语			61.67	56.00		59.40	58.00	89.00		59.00	
	第三组	平均值项:语文	53.00	73.50	81.00		74.33	72.00		74.50		66.00	61.00
		平均值项:数学	73.00	59.50	66.00		62.00	63.43		73.50		71.00	42.00
		平均值项:英语	52.00	46.50	42.00		62.33	53.43		52.50		69.00	84.00
	第四组	平均值项:语文		75.00	78.00	64.50	77.50	74.11		55.00			
		平均值项:数学		62.00	78.00	66.50	61.22			41.00			
		平均值项:英语		50.00	61.00	71.00	71.25	65.33		47.00			
	第一组	平均值项:语文	83.00	72.00	85.00		76.00	77.60			59.00	63.00	69.00
		平均值项:数学	45.00	53.00	83.00		70.00	60.80			63.00	69.00	86.00
		平均值项:英语	84.00	71.00	64.00		45.00	67.00			52.00	70.67	62.00
初二(1)班	平均值项:语文		68.00	73.50	76.33	74.50	76.13	74.69	69.00	65.50	59.00	66.67	65.00
初二(1)班	平均值项:数学		59.00	58.17	69.33	72.00	59.00	63.19	53.00	59.50	63.00	68.11	64.00
初二(1)班	平均值项:英语		68.00	55.83	58.67	63.50	64.63	61.31	58.00	60.25	52.00	64.00	73.00
初二(2)班	第二组	平均值项:语文	71.00			80.00	57.00	69.33		67.00	59.00	51.00	65.50
		平均值项:数学				42.00	69.00	58.33		80.67	81.00	47.00	89.00
		平均值项:英语	41.00			92.00	59.00	64.00		62.67	54.00	47.00	52.00
	第三组	平均值项:语文	85.00	64.00	58.50		66.50	80.50	56.00		80.00	83.00	
		平均值项:数学	85.00	53.00	87.50		78.25	72.00	52.50		68.00	57.00	
		平均值项:英语	73.00	51.00	79.00		70.50	53.50	77.50		62.00	60.00	
	第四组	平均值项:语文			88.00	82.00	76.17	61.00	94.00	78.00			
		平均值项:数学	54.00	81.50		49.00	95.50	76.17	94.00	75.50	58.00		
		平均值项:英语	42.00	94.50		47.00	88.00	75.67	41.00	69.00	72.00		
	第一组	平均值项:语文	69.00		88.00	78.00	72.00	76.75	86.00		52.00	80.25	
		平均值项:数学	92.00		83.00	53.00	89.00	79.25	54.00		86.00	87.75	

图 12 - 3

查询与收集

1. 有没有其他方法可以对数据进行合并计算呢?
2. 同一个工作表可以多次进行分类汇总吗?
3. 如何删除分类汇总?

拓展提高

打开素材包中的“xm12_2 成绩汇总 . xlsx”文件，使用分类汇总求出各科的最大值和最小值，结果如图 12 -4 所示。

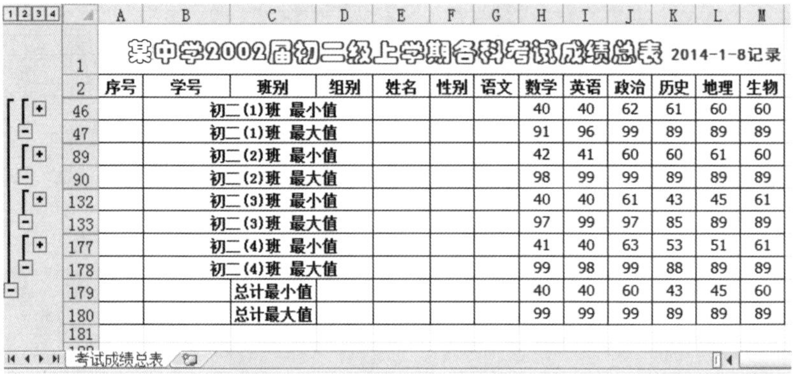

	A	B	C	D	E	F	G	H	I	J	K	L	M
1	某中学2002届初二级上学期各科考试成绩总表 2014-1-8记录												
2	序号	学号	班别	组别	姓名	性别	语文	数学	英语	政治	历史	地理	生物
46		初二(1)班 最小值						40	40	62	61	60	60
47		初二(1)班 最大值						91	96	99	89	89	89
89		初二(2)班 最小值						42	41	60	60	61	60
90		初二(2)班 最大值						98	99	99	89	89	89
132		初二(3)班 最小值						40	40	61	43	45	61
133		初二(3)班 最大值						97	99	97	85	89	89
177		初二(4)班 最小值						41	40	63	53	51	61
178		初二(4)班 最大值						99	98	99	88	89	89
179			总计最小值					40	40	60	43	45	60
180			总计最大值					99	99	99	89	89	89
181													

考试成绩总表

图 12 -4

评价反馈:

任务 1　合并计算产品销量		
评价项目	分值	得分
1. 完成格式设置	1	
2. 完成筛选操作	2	
3. 完成合并计算操作	3	
4. 完成数据排序	1	
5. 遵守管理规定及课堂纪律	1	
6. 学习积极主动、勤学好问	2	
教师评价（A、B、C、D）:		

学习总结:

____

____

____

任务2　分析贷款数据

学习目标：

1. 学会财务函数 PMT、FV 等的使用方法。
2. 完成模拟运算方法的设计。

建议学时：　2 学时。

学习准备：

计算机一体化教学环境（齐全的多媒体设备，师生每人一台电脑）、课件、素材、工作页。

学习过程：

任务描述：老张自从开了公司以后每年的进项都比较丰厚，资金富余较多，想用于投资，可是不知道是存银行划算还是投资买房更好，儿子刚好学了 Excel 财务函数，可以帮老张算算账，看看哪种投资方式更划算。

👆引导问题

1. 财务函数有哪些？

2. 利用财务函数，根据以下要求对素材包中"xm12_4.xlsx"文件 Sheet 1 表（如图 12 – 5 所示）中的数据进行计算：

（1）根据"投资情况表1"中的数据，计算 10 年后得到的金额，并将结果填入 B7 单元格中。

（2）根据"投资情况表2"中的数据，计算 20 年后得到的金额，并将结果填入 E7 单元格中。

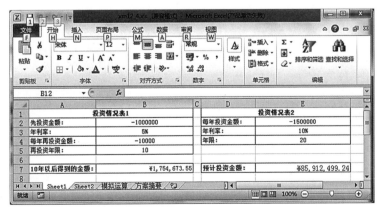

图 12 – 5

3. 老张欲购置住房，总房价为 560 000 元，首付按照总房价 20% 计算，其余从银行贷款，年利率为 5.23%，分 25 年半还清，请计算每月还给银行的贷款数额（假定每次为等额还款，还款时间分别按每月月初和月末看看有什么不同）。请见素材包中的"xm12_5.xlsx"文件，结果如图 12-6 所示。

根据要求自行完成表格设计。

（1）计算：

① 李某需要首付的房款数额。

② 数字格式设置为蓝色，加粗，12 号。

③ 保留两位小数。

（2）计算目前（期初）需要向银行贷款的数额。格式：蓝色，加粗，12 号；保留两位小数。

（3）填列：还款时间（以年为单位）。格式：蓝色，加粗，12 号，保留两位小数。

（4）计算每月需要还款的数额。格式：加粗，12 号；还款数额（负数）以人民币为单位，用红色负号表示。

（5）计算期末（即 25 年半之后）总计还银行的贷款数额。格式：加粗，12 号；还款数额（负数）以人民币为单位，用红色负号表示；保留两位小数。

总房款额	¥560,000.00	总房款额	¥560,000.00
首付房款额	¥112,000.00	首付房款额	¥112,000.00
李某需贷款数额	¥448,000.00	李某需贷款数额	¥448,000.00
贷款年利率	5.23%	贷款年利率	5.23%
还款时间（年）	25.50	还款时间（年）	25.50
每月还款数额（期初）	¥-2,642.39	每月还款数额（期末）	¥-2,653.90
期末，李某还款合计	¥-808,570.13	期末，李某还款合计	¥-812,094.14

图 12-6

4. 模拟运算。在素材包中的"xm12_4.xlsx"文件 Sheet 2 工作表中利用模拟运算表进行单变量问题分析，运用 FV 函数，实现通过"每月存款额"的变化计算"最终存款额"的功能，结果如图 12-7 所示。

		每月存款额变化	最终存款额
			¥260,055.17
每月存款额	-2500	-1000	104022.0688
年利率	0.95%	-1500	156033.1031
存款期限（月）	100	-2000	208044.1375
		-2500	260055.1719

图 12-7

5. 创建、编辑、总结方案。如图 12-8 所示，在方案管理器中添加一个方案，命名为"ks5-5"，设置"每月存款额"为可变单元格，输入一组可变单元格的值为"-2 000、-2 500、-3 000、-3 500"。设置"最终存款额"为结果单元格，报告类型为"方案摘要"。

（见素材包中的“xm12_4. xlsx”文件）

方案摘要		
	当前值:	ks5-5
可变单元格:		
C4	-1000	-2000
C5	-1500	-2500
C6	-2000	-3000
C7	-2500	-3500
结果单元格:		
D4	104022.0688	208044.1375
D5	156033.1031	260055.1719
D6	208044.1375	312066.2063
D7	260055.1719	364077.2406

注释：“当前值”这一列表示的是在
建立方案汇总时，可变单元格的值。
每组方案的可变单元格均以灰色底纹突出显示。

图 12－8

查询与收集

查找其他财务函数使用方法。

拓展提高

1. 假设有一个分存整取项目，存期为 3 年，每个月月初存 0. 1 万元，3 年以后可得 4 万元，请运用 Excel 中的财务函数 RATE，计算该项目的月复利率和年利率。

2. 假设有一个设备的价格为 300 000 元，准备进行分期付款，每个月月底支付同样一笔钱，3 年内付清，商定的月复利率为 0. 5%，请运用 Excel 中的财务函数 PMT，计算每个月月底需要支付多少金额。

评价反馈：

任务 2　分析贷款数据		
评价项目	分值	得分
1. 掌握 PMT、FV 函数的使用	2	
2. 掌握方案摘要设计操作方法	3	
3. 掌握数据模拟运算操作方法	2	
4. 遵守管理规定及课堂纪律	1	

（续上表）

任务2 分析贷款数据		
评价项目	分值	得分
5. 学习积极主动、勤学好问	2	
教师评价（A、B、C、D）：		

学习总结：

项目十三　Excel 表格数据的管理

班级：　　　　　　　　　　　　　　日期：

姓名：　　　　　　　　　　　　　　指导教师：

学习目标：

1. 通过小组讨论、任务引导，学会利用 Excel 中的公式进行计算。
2. 理解数据排序、筛选、分类汇总的概念。
3. 学会数据的排序、筛选、分类汇总的操作。
4. 学会合并计算操作。
5. 学会保护 Excel 表格数据。

建议学时：　4 学时。

工作情境描述：

在日常工作中，我们经常会用 Excel 表格做一些数据的分析和管理。有时候表格太多，要不停地切换表格进行分析处理，我们运用 Excel 2010 中提供的数据分析处理功能就能较为轻松地解决这一问题。因此我们需要了解、掌握这些功能，并在实际当中运用好它们，才能事半功倍。

工作流程与活动：

1. 利用公式对 Excel 表格中的数据进行不同运算。
2. 使用排序功能对 Excel 表格进行数据分析操作。
3. 使用筛选功能对 Excel 表格进行数据分析操作。
4. 使用分类汇总功能对 Excel 表格进行数据分析操作。

任务 1　制作房屋租赁登记表

学习目标：

1. 通过小组讨论、任务引导，学会 Excel 表格的创建和格式化设置。
2. 能够根据工作页的要求，完成房屋租赁登记表的制作。

建议学时： 2 学时。

学习准备：

计算机一体化教学环境（齐全的多媒体设备，师生每人一台电脑）、课件、素材、工作页。

学习过程：

👆 **引导问题**

1. 在实际生活中，你见过哪些类型的登记表？

2. 你认为房屋租赁登记表中应包含下面哪些项目？

租客姓名，房主姓名，租客身份证号，房主身份证号，租客联系电话，房主联系电话，租客性别，房主性别，房屋地址，租客人数，所租房屋间数，所租房屋室内所含设备，数量及状况，所租房屋水费标准，所租房屋电费标准……

（1）＿＿＿＿＿＿；（2）＿＿＿＿＿＿；（3）＿＿＿＿＿＿；（4）＿＿＿＿＿＿；

（5）＿＿＿＿＿＿；（6）＿＿＿＿＿＿；（7）＿＿＿＿＿＿；（8）＿＿＿＿＿＿；

（9）＿＿＿＿＿＿；（10）＿＿＿＿＿＿；（11）＿＿＿＿＿＿；（12）＿＿＿＿＿＿。

3. 你认为上述内容中还缺少什么项目？

4. 通过教师的演示、讲解和引导，学习使用 Excel 的各种功能，完成房屋租赁登记表的制作。

房号	方式	姓名	水费 本期	水费 上期	水费 实用	水费 单价	水费 金额	电费 本期	电费 上期	电费 实用	电费 单价	电费 金额	房租费	视听费	保洁费	其他	合计
1-101	现金	李一定	374	374		1.5		1879	1831	48	1	48	90	14	10		162
1-102	现金	王水	31	31		1.5		843	843		1						
1-103	现金	孙小敏	867	861	6	1.5	9	1555	1502	53	1	53	90	14	10		176
1-104	现金	王丽芬	562	562		1.5		562	562		1						
1-105	现金	吉米	191	191		1.5		563	563		1						
1-106	转账	大卫	564	561	3	1.5	5	1752	1564	188	1	188	90		10		293
1-107	刷卡	宋明	413	413		1.5		2768	2768		1						
1-108	转账	张玉	253	241	12	1.5	18	2181	2093	88	1	88	90	14	10		220
1-109	转账	张小宝	231	229	2	1.5	3	1251	1187	64	1	64	90	14	10		181
1-110	转账	李连杰	162	162		1.5		371	371		1						
1-111	刷卡	赵新新	324	324		1.5		1603	1601	2	1	2					2
1-112	转账	赵才用	250	250		1.5		1356	1356		1			14			14
1-113	转账	周甚	477	477		1.5		1864	1864		1						
1-114	刷卡	吴花儿				1.5		701	701		1			14			14
1-115	现金	郑长海	613	613		1.5		1455	1455		1		90		10		100
1-116	现金	王迅迅	103	103		1.5		1002	1002		1						

表格标题：某公寓房屋租赁明细表

图 13－1

操作要求

（1）完成图 13 – 1 所示表格的制作。

（2）合并标题单元格，并设置标题字体黑体、加粗、16 号。

（3）计算水费、电费及合计费用。

（4）将合计一列数据超过 200 元的以红色斜体加粗显示。

查询与收集

探讨用 Word 2010 制作表格与用 Excel 2010 制作表格有何差别。

拓展提高

打开素材包中的"TF6 – 1. xlsx"文件，并按下列要求进行操作，结果如图 13 – 2 所示。

（1）设置工作表行和列。

在标题行下方插入一行，行高为 6 毫米。

将"郑州"一行移至"商丘"一行的上方。

删除第"G"列（空列）。

（2）设置单元格格式。

将单元格区域 B2：G2 设置为"合并及居中"格式；设置字体为华文行楷，字号为 18，颜色为靛蓝。

将单元格区域 B4：G4 的对齐方式设置为水平居中。

将单元格区域 B4：B10 的对齐方式设置为水平居中。

将单元格区域 B2：G3 的底纹设置为淡蓝色。

将单元格区域 B4：G4 的底纹设置为浅黄色。

将单元格区域 B5：G10 的底纹设置为茶色。

（3）设置表格边框线。将单元格区域 B4：G10 外边框线的上边线设置为靛蓝色的粗实线（第二列第六行），其他各外边框线设置为细实线，内部框线设置为虚线（第一列第二行）。

（4）插入批注。为"0"（C7）单元格插入批注"该季度没有进入市场"。

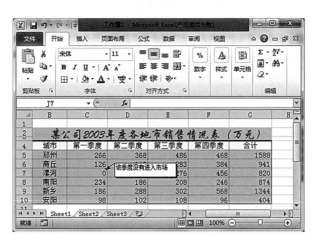

图 13 – 2

评价反馈：

任务 1　制作房屋租赁登记表		
评价项目	分值	得分
1. 熟悉 Excel 表格的概念	2	
2. 学会制作 Excel 表格	2	
3. 学会设置 Excel 表格格式	2	
4. 确保表格中数据类型正确	2	
5. 遵守管理规定及课堂纪律	1	
6. 学习积极主动、勤学好问	1	
教师评价（A、B、C、D）：		

学习总结：

任务 2　筛选超市产品数据

学习目标：

1. 通过小组讨论、任务引导，学会对 Excel 表格中的数据进行筛选、分析和处理。
2. 能够根据工作页的要求，完成筛选超市产品数据的操作。

建议学时：　2 学时。

学习准备：

计算机一体化教学环境（齐全的多媒体设备，师生每人一台电脑）、课件、素材、工作页。

学习过程：

👆引导问题

1. 在实际生活中，你是否遇到过需要对表格中的数据进行筛选、分析和处理的情况？你是如何处理的？

2. 如果使用 Excel 来解决上述问题，你认为应如何处理最好？

3. 通过教师演示、讲解和引导，学习使用 Excel 表格的数据筛选功能，完成筛选超市产品数据的操作。

使用素材包中的"TF7－4.xlsx"工作表中的数据，筛选出"二月"大于或等于 80 000 的记录，结果如图13－3所示。

某超市第一季度销售情况表（元）				
类别 ▼	销售区间 ▼	一月 ▼	二月 ▼	三月 ▼
食品类	食用品区	70800	90450	70840
烟酒类	食用品区	90410	86500	90650
服装、鞋帽类	服装区	90530	80460	64200
针纺织品类	服装区	84100	87200	78900
化妆品类	日用品区	75400	85500	88050
日用品类	日用品区	61400	93200	44200

图 13－3

🌐查询与收集

Excel 表格中数据筛选的种类与使用方法。

📖拓展提高

使用素材包中的"TF7－5.xlsx"工作表中的数据，筛选出"本科上线人数"大于或等于 500 并且"专科上线人数"大于或等于 400 的记录，结果如图13－4所示。

某市各中学高考上线情况统计表			
学校 ▼	本科上线人数 ▼	专科上线人数 ▼	总上线人数 ▼
华夏中学	541	411	952
阳夏中学	536	417	953

图 13－4

评价反馈：

任务 2　筛选超市产品数据		
评价项目	分值	得分
1. 熟悉 Excel 数据筛选概念	1	
2. 掌握 Excel 数据自动筛选操作	2	
3. 掌握 Excel 数据高级筛选操作	2	
4. 理解自动筛选与高级筛选操作的区别	2	
5. 学会综合使用筛选操作	1	
6. 遵守管理规定及课堂纪律	1	
7. 学习积极主动、勤学好问	1	
教师评价（A、B、C、D）：		

学习总结：

任务 3　对销售记录进行排序

学习目标：

1. 通过小组讨论、任务引导，学会 Excel 电子表格中数据记录的排序分析和处理。
2. 能够根据工作页的要求，完成对销售记录的排序操作。

建议学时：　2 学时。

学习准备：

计算机一体化教学环境（齐全的多媒体设备，师生每人一台电脑）、课件、素材、工作页。

学习过程：

✍ 引导问题

1. 在实际生活中，你见过哪些具有排序作用的操作?

2. 在 Excel 表格中，你认为应如何对数据表进行数据记录的排序分析和处理?

3. 通过教师演示、讲解和引导，学习使用 Excel 的数据排序功能，完成对销售记录进行排序的操作。

使用素材包中"TF7－4.xlsx"工作表中的数据，以"一月"为主要关键字，对数据做升序排序，结果如图 13－5 所示。

某超市第一季度销售情况表（元）				
类别	销售区间	一月	二月	三月
体育器材	日用品区	50000	65800	43200
日用品类	日用品区	61400	93200	44200
饮料类	食用品区	68500	58050	40570
食品类	食用品区	70800	90450	70840
化妆品类	日用品区	75400	85500	88050
针纺织品类	服装区	84100	87200	78900
烟酒类	食用品区	90410	86500	90650
服装、鞋帽类	服装区	90530	80460	64200

图 13－5

🌐 查询与收集

Excel 中常用的排序操作种类与操作方法。

📖 拓展提高

使用素材包中"TF7－2.xlsx"工作表中的数据，以"基本工资"为主要关键字，对数据做降序排序，结果如图 13－6 所示。

某公司工资表

姓名	部门	职称	基本工资	奖金	津贴
赵军伟	设计室	工程师	1050	658	180
张勇	工程部	工程师	1000	568	180
司慧霞	工程部	助理工程师	950	604	140
谭华	工程部	工程师	945	640	180
李波	设计室	助理工程师	925	586	140
王刚	设计室	助理工程师	920	622	140
任敏	后勤部	技术员	910	594	100
周敏捷	工程部	助理工程师	895	630	140
周健华	工程部	技术员	885	576	100
吴圆圆	后勤部	技术员	875	550	100
王辉杰	设计室	技术员	850	600	100
韩禹	工程部	技术员	825	612	100

图 13 - 6

评价反馈：

任务 3　对销售记录进行排序		
评价项目	分值	得分
1. 理解 Excel 中数据排序概念	2	
2. 学会选择排序操作方式	2	
3. 掌握关键值的判定方法	2	
4. 选择适合的排序操作	2	
5. 遵守管理规定及课堂纪律	1	
6. 学习积极主动、勤学好问	1	
教师评价（A、B、C、D）：		

学习总结：

任务 4　汇总各区域销售数据

1. 通过小组讨论、任务引导，学会对 Excel 表格中数据记录的汇总分析和处理。
2. 能够根据工作页的要求，完成汇总各区域销售数据的操作。

建议学时：　4 学时。

学习准备：

计算机一体化教学环境（齐全的多媒体设备，师生每人一台电脑）、课件、素材、工作页。

学习过程：

👆引导问题

1. 在实际生活中，你见过哪些需要使用汇总功能的操作？

2. 在 Excel 表格中，你认为应如何对数据表中的数据记录进行汇总分析和处理？

3. 通过教师演示、讲解和引导，学习使用 Excel 的数据汇总功能，完成对各区域销售数据的汇总操作。

使用素材包中"TF7 – 4. xlsx"工作表中的数据，以"销售区间"为分类字段，将各月销售额分别进行"求和"分类汇总，结果如图 13 – 7 所示。

某超市第一季度销售情况表（元）			
类别	销售区间	一月	二月	三月
	服装区 汇总	174630	167660	143100
	日用品区 汇总	186800	244500	175450
	食用品区 汇总	229710	235000	202060
	总计	591140	647160	520610

图 13 – 7

🌐 查询与收集

Excel 中常用的汇总操作种类与方法。

拓展提高

使用素材包中"TF7－5.xlsx"工作表中的数据，以"类别"为分类字段，将各中学上线人数分别进行"求和"分类汇总，结果如图13－8所示。

某市各中学高考上线情况表						
类别	录取批次	恒大中学	华夏中学	恒大四高	阳夏中学	淮海中学
普通类	汇总	883	937	833	937	844
体育类	汇总	13	5	30	7	30
艺术类	汇总	11	10	39	9	42
总计		907	952	902	953	916

图 13－8

评价反馈：

任务4　汇总各区域销售数据		
评价项目	分值	得分
1. 理解 Excel 中分类汇总的概念	1	
2. 掌握 Excel 中分类的操作方法	1	
3. 掌握 Excel 中汇总的操作方法	2	
4. 掌握分类汇总的操作方法	2	
5. 学会分类汇总结果的分析与格式调整	2	
6. 遵守管理规定及课堂纪律	1	
7. 学习积极主动、勤学好问	1	
教师评价（A、B、C、D）：		

学习总结：

_____

_____

_____

项目十四　Excel 图表的使用

班级：　　　　　　　　　　　　　　日期：

姓名：　　　　　　　　　　　　　　指导教师：

学习目标：

1. 通过小组讨论、任务引导，学会利用 Excel 中的图表分析数据。
2. 学会设置、修改 Excel 图表。
3. 利用协作学习，自主探究学习图表的操作，并利用课外时间完成拓展提高实例。

建议学时：　6 学时。

工作情境描述：

在平时工作当中，我们经常会用 Excel 表格做一些数据的分析和管理操作，但数据繁多时就会产生表达不清晰、理解困难等问题，而 Excel 提供的数据图表分析处理功能则能更加可视化、更加简单形象、更为轻松地解决这些问题。因此我们需要了解、掌握这些功能，并在实际中运用好这些功能，帮助我们提高工作效率。

工作流程与活动：

1. 掌握 Excel 表格中数据图表化等相关操作。
2. 掌握 Excel 表格中动态数据图表化等相关操作。

任务 1　创建并编辑销售对比图表

学习目标：

1. 通过小组讨论、任务引导，学会对 Excel 中的数据表进行分析并制作、编辑相关图表。
2. 能够根据工作页的要求，完成对 Excel 表格数据的图表化制作。

建议学时：　4 学时。

学习准备：

计算机一体化教学环境（齐全的多媒体设备，师生每人一台电脑）、课件、素材、工作页。

学习过程：

任务描述：某书店是一家图书销售公司，2015 年度公司取得了良好的销售业绩，书店新开的几家分店即将投入使用。为了更加合理地分配各类图书的摆放位置和所占面积，现在要分析各类图书的销售情况，书店负责财务的小张已将 2015 年各类图书的销售数据制成了图表，如图 14 - 1 所示。

类别	第一季度	第二季度	第三季度	第四季度	合计
\multicolumn{6}{c}{某书店2015年度销售情况表}					
教育	123423	543793	439654	453266	1560136
文学	543267	223163	568700	265474	1600604
社会科学	23463	322356	56676	542688	945183
文化	45675	22334	433360	564321	1065690
生活	435786	45466	457690	5678	944620
合计	1171614	1157112	1956080	1831427	6116233

图 14 - 1

经理要求用图表的形式更清晰直观地表明各类图书销售情况，以便对各类图书进行合理的布局分布，要求制作以下四个图表：

（1）某类图书不同季度的销售额比较图表：用来分析此类图书在不同季度的销售情况。

（2）同一季度不同种类图书的销售比较图表：用来分析同一季度时不同种类图书的销售情况。

（3）各类图书 2015 年全年销售情况图表：用来分析不同种类图书全年的销售情况。

（4）2015 年各季度销售情况图表：用来分析不同季度的销售情况。

☞ 引导问题

1. 在实际生活中，你见过哪些类型的数据图表？它们分别表示什么含义？某书店的四个图表用哪种类型更合适呢？（展示各种图表样式，解说其含义与适用范围）

提示

图表是一种以图形来表示表格中数据的方式，与工作表相比较，图表不仅能直观地表现出数据值，还能更形象地反映出数据的对比关系。

Excel 2010 的图表类型有多种，主要有柱形图、条形图、折线图、饼图、散点图、雷达图、曲面图、圆环图、气泡图等，而每一种类型的图表又有多种不同的表现形式。以下介绍几种常用的图标类型：

柱形图：用来显示一段时间内数据的变化或者各组数据之间的比较关系。

折线图：表达数据随着时间推移而发生变化，可以预测未来的发展趋势。

散点图：用来说明若干组变量之间的相互关系，可表示因变量随自变量变化而变化的大致趋势。

饼图：主要用来分析内部各个组成部分对事件的影响，其各部分百分比之和必须是 100%。

雷达图：可以对两组变量进行多种项目的对比，反映数据相对中心点和其他数据点的变化情况。

2. 图 14 – 2 中的图表反映了哪些数据？通过图表说明了什么问题？

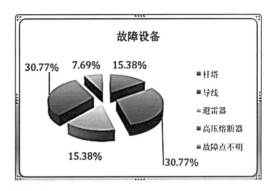

图 14 – 2

3. 你认为在 Excel 中制作与编辑图表首要的条件是什么？图表制作中的关键步骤有哪些？

4. 通过教师演示、讲解和引导，学习使用 Excel 制作与编辑图表的操作，完成相应数据图表的制作，如图 14 – 3 所示。

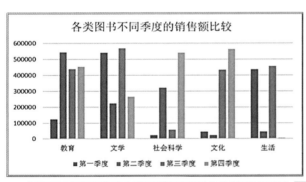 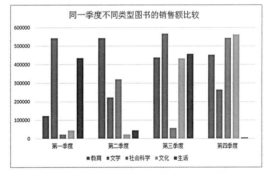

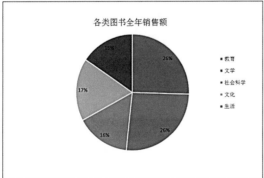 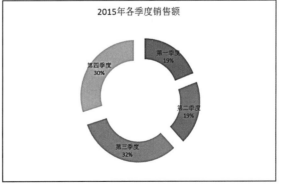

图 14 – 3

查询与收集

探讨在 Word 中制作图表与在 Excel 中制作图表有何差别。

拓展提高

1. 创建如图 14 - 4 所示某电器门市部第一季度销售情况统计表，以 "E4 - 4C. xlsx" 文件名保存。

2. 在三月后插入一列，输入 "总数"，并计算各电器的总和。

3. 创建图表：选取 Sheet1 中的数据创建一个簇状条形图的图表。

4. 图表格式修订：将图表标题的格式背景设置为花束的纹理填充效果，将坐标轴的字体格式设置为黑体，10 号，红色，将图例的字体格式设置为楷体，常规，10 号，褐色。

5. 添加误差线：选定图表中 "海尔空调" 系列，为图表添加一条黄色的正负偏差 "误差线"，"定值" 为 100。

图 14 - 4

评价反馈：

任务 1　创建并编辑销售对比图表		
评价项目	分值	得分
1. 理解图表概念	1	
2. 学会插入图表的操作	2	

（续上表）

任务 1　创建并编辑销售对比图表		
评价项目	分值	得分
3. 学会设置图表格式	2	
4. 确保图表类型正确	2	
5. 能用图表分析数据	1	
6. 遵守管理规定及课堂纪律	1	
7. 学习积极主动、勤学好问	1	
教师评价（A、B、C、D）：		

学习总结：

_____

_____

_____

任务 2　创建动态图表

学习目标：

1. 通过小组讨论、任务引导，学会对 Excel 中的动态数据表进行分析，并制作、编辑相关图表。

2. 能够根据工作页的要求，完成对 Excel 动态表格数据的图表化制作。

3. 学会运用 Excel 图表功能编制各类图表，并了解其基本结构。

建议学时：　2 学时。

学习准备：

计算机一体化教学环境（齐全的多媒体设备，师生每人一台电脑）、课件、素材、工作页。

学习过程：

任务描述：当图表中有很多数据系列，我们只想把某个数据系列单独显示在图表中，但又不想做很多张图表时，我们可以做一个下拉菜单，通过选择菜单选项，在同一张图表中动态显示相应的数据系列。比如，为了更直观地了解上海与南京两地的温差变化，我们可以采用动态的形式展现。

👆引导问题

1. 在实际生活中，你是否遇到过由于表格数据的动态变化，需要对相应的图表进行反复绘制的情况？你是如何处理的？

2. 观察图14-5，说说静态图表和动态图表的区别。

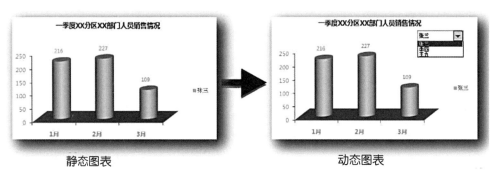

静态图表　　　　　　　　　　　动态图表

图14-5

提示

　　我们不难发现，静态图表只能显示单一状态下的数据，信息量非常有限，动态图表多了一个明显的下拉框，下拉框里显示了几个销售员的名字，很像我们的数据有效性。而在Excel表单中，图表显示的内容和数据是随着这个下拉框选择的人名变化而改变的。

3. 你认为在Excel中制作和编辑动态图表首要的条件是什么？制作中的关键步骤有哪些？

4. 通过教师演示、讲解和引导，学习使用Excel的图表制作与编辑功能，完成相应动态数据图表（如图14-6所示）的制作，并思考为什么要学动态图表。

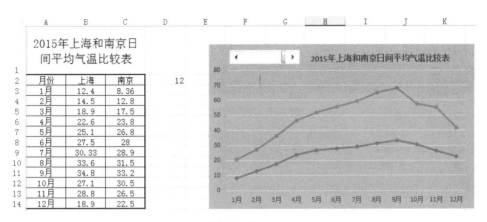

图 14 - 6

步骤提示：

（1）建立窗体控件。

①点击开发工具→插入→滚动条窗体控件，如图 14 - 7 所示。

图 14 - 7

②右击→设置控件格式，如图 14 - 8 及图 14 - 9 所示。

最小值→1 月。

最大值→12 月。

单元格链接→D2。

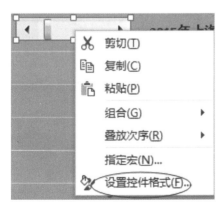

图 14 - 8

图 14 - 9

（2）定义名称建立动态数据源。

①点击"公式"→"名称管理器"，如图 14 – 10 所示。

图 14 – 10

②月份的引用 = OFFSET（Sheet1！MYMAMYM2，1，，Sheet1！MYMDMYM2，1）
表示以 A2 单元格为参照系→行偏移量 1 行，列不偏移→返回 D2 行，1 列。
上海的引用 = OFFSET（Sheet1！MYMBMYM2，1，，Sheet1！MYMDMYM2，1）
南京的引用 = OFFSET（Sheet1！MYMCMYM2，1，，Sheet1！MYMDMYM2，1）
如图 14 – 11 所示。

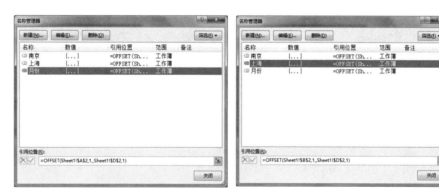

图 14 – 11

提示

在图表中引用名称时，名称前面一定要加上工作表名，如本例中的"sheet1！月份"。

（3）利用动态数据创建图表。

①点击图表工具→设计→选择数据，如图 14 – 12 所示。

图 14 – 12

②轴标签区域＝sheet1！月份。

sheet1！为固定值→月份（为上面定义的名称，动态的月份）。

系列值＝sheet1！上海。

sheet1！为固定值→上海（为上面定义的名称，动态的有关上海的数据）。

系列值＝sheet1！南京。

sheet1！为固定值→南京（为上面定义的名称，动态的有关南京的数据）。

如图 14－13 及图 14－14 所示。

图 14－13　　　　　　　　图 14－14

③带滚动条控件的动态图表，如图 14－15 所示。

当滚动条移动到 7 时，显示前 7 个月的数据。

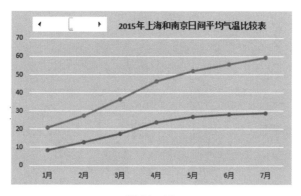

图 14－15

查询与收集

Excel 中常用动态图表的种类及其适用范围。

拓展提高

图 14－16 中数据表列举了 2013—2016 年每个月的数据，我们要实现的是通过下拉菜单选择年份，在图表中自动生成对应年份的月数据图表，效果如图 14－17 所示。

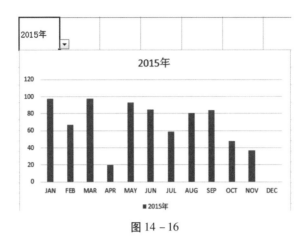

图 14 - 16

年份\月份	JAN	FEB	MAR	APR	MAY	JUN	JUL	AUG	SEP	OCT	NOV	DEC
2013年	65	82	58	56	65	99	36	65	87	65	82	93
2014年	76	40	43	88	52	98	81	45	94	66	90	69
2015年	56	98	67	98	20	93	85	59	81	84	48	37
2016年	78	34	65	48	93	53	69	92	72	73	91	69

图 14 - 17

评价反馈：

任务 2　创建动态图表		
评价项目	分值	得分
1. 理解动态图表概念	1	
2. 会插入动态图表操作	2	
3. 会设置动态图表格式	2	
4. 掌握控件使用操作	2	
5. 掌握函数运用方法	1	
6. 遵守管理规定及课堂纪律	1	
7. 学习积极主动、勤学好问	1	
教师评价（A、B、C、D）：		

学习总结：

项目十五　PowerPoint 幻灯片

班级：　　　　　　　　　　　　　日期：

姓名：　　　　　　　　　　　　　指导教师：

学习目标：

1. 通过小组讨论、任务引导，学会利用 PowerPoint 2010 创建演示文稿。
2. 学会 PowerPoint 演示文稿（简称 PPT）的多种编辑方法。
3. 学会 PowerPoint 演示文稿的多种信息处理方法。

建议学时：10 学时。

工作情境描述：

在实际工作当中，我们经常需要和团队成员交流工作计划、方案、进程等，如果仅仅是口头或结合纸质材料来进行，可能会很烦琐，不但容易出错，而且不易理解。如果我们运用 PowerPoint 2010 来制作并展示相关的演示文稿，就能直观地、图文并茂地轻松解决。我们了解、掌握 PowerPoint 2010 的功能，并在实际当中运用好它，就能收到事半功倍的效果。

工作流程与活动：

1. 使用 PowerPoint 2010，制作、编辑企业简介演示文稿。
2. 使用 PowerPoint 2010，制作、编辑饮料广告策划演示文稿。
3. 使用 PowerPoint 2010，制作、编辑新产品营销方案演示文稿。
4. 使用 PowerPoint 2010，制作、编辑公司年度汇报总结演示文稿。
5. 使用 PowerPoint 2010，制作、编辑产品宣传画册演示文稿。

任务 1　制作、编辑企业简介演示文稿

学习目标：

1. 通过小组讨论、任务引导，学会使用 PowerPoint 2010 完成简单演示文稿的创建和格式化设置，掌握 PowerPoint 的基本操作。
2. 能够根据工作页的要求，完成企业简介演示文稿的制作。

建议学时：2 学时。

学习准备：

计算机一体化教学环境（齐全的多媒体设备，师生每人一台电脑）、课件、素材、工作页。

学习过程：

任务描述：毕业半年的小李经过层层筛选终于如愿以偿进入了广东御可自动化有限公司，并有幸分到了品牌推广部。一个月后，领导交待给小李一件非常重要的工作，为参加年底在广州举办的中国贸易博览会，要做一份公司品牌文化介绍的 PPT，要在电子屏幕上循环播放，要体现公司品牌文化特色，不拘一格，关键要能吸引来自全国各地的客商……

👆 引导问题

1. 在实际工作中，PowerPoint 演示文稿常用于什么场景？有什么作用？

提示

PowerPoint 工作窗口

与以往的版本相比，PowerPoint 2010 采用了崭新的外观，使创建、演示和共享演示文稿成为更简单、更直观的体验，如图 15 – 1 所示。

PowerPoint 2010 工作界面的组成部分与 Word 2010、Excel 2010 大致相同，加强对相同点的认识，学习不同点。

PowerPoint 2010 提供了四种不同的视图方式，用户可在不同的视图方式中进行不同的操作。

图 15 – 1

2. 通过教师演示、讲解和引导，学习使用 PowerPoint 的各种基本功能，完成企业简介演示文稿的制作，要求效果如图 15 – 2 所示。

提示

演示文稿的基本操作

1. 新建演示文稿

（1）创建空白演示文稿。当启动 PowerPoint 2010 组件时，系统即可创建一个名为"演示文稿1"的空白文档。

（2）打开 PowerPoint 演示文稿后，我们可以按 Ctrl + N 组合键创建空白演示文稿。也可单击 Office 按钮，执行"新建"命令，在弹出的"新建演示文稿"图标对话框中，选择"空白演示文稿"后单击"创建"即可。

（3）我们还可利用"已安装的模板"选项卡，在"已安装的模板"列表中选择要使用的模板即可创建空白演示文稿。

2. 保存演示文稿

完成演示文稿的制作后，要对其进行保存。PowerPoint 2010 提供了多种保存类型供我们选择。若要保存演示文稿，只需单击 Office 按钮，执行"保存"命令，在弹出的对话框架中设置保存位置、文件名及文件类型即可。PowerPoint 演示文稿扩展名为 . pptx。

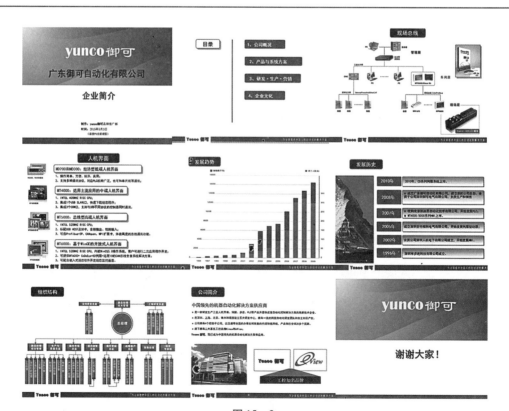

图 15 – 2

3. 说说制作图 15 – 2 所示的 PowerPoint 演示文稿你都用了哪些方法？你认为上述演示文稿中还缺少什么？

查询与收集

1. 使用 PowerPoint 2010 制作演示文稿，如何提高制作效率？

2. 视图方式在实际操作中的作用体现在什么地方？

拓展提高

从个人相册中挑选合适的照片，设计个人相册的 PowerPoint 幻灯片，要求最少 10 页。可利用模板制作完成。

评价反馈：

任务 1　制作、编辑企业简介演示文稿		
评价项目	分值	得分
1. 熟悉 PowerPoint 2010 工作窗口	2	
2. 了解 PowerPoint 2010 的视图方式	2	
3. 掌握 PowerPoint 演示文稿的创建方法	2	
4. 掌握 PowerPoint 演示文稿的保存方法	1	
5. 掌握 PowerPoint 演示文稿页面设置的操作方法	1	
6. 遵守管理规定及课堂纪律	1	
7. 学习积极主动、勤学好问	1	
教师评价（A、B、C、D）：		

学习总结：

_____

_____

_____

任务 2　制作、编辑饮料广告策划演示文稿

学习目标：

1. 通过小组讨论、任务引导，学会使用 PowerPoint 输入、编辑各种类型文本的操作方法。
2. 能够根据工作页的要求，完成饮料广告策划演示文稿的制作。

建议学时：　2 学时。

学习准备：

计算机一体化教学环境（齐全的多媒体设备，师生每人一台电脑）、课件、素材、工作页。

学习过程：

任务描述：某企业有一款新上市的饮料，为了稳定现有市场，并大力拓展新市场，需要制订一个广告策划方案。公司在大中专院校学生中组织广告策划方案比赛，学生的策划方案一经采用可获得两万元奖学金，所有在校学生都可参加。

👆**引导问题**：

1. 在幻灯片占位符中除了输入文本外还可以输入特殊符号吗？如何在幻灯片中插入键盘上没有的特殊字符？

提示

添加文本内容

1. 在占位符中输入

占位符是幻灯片中带有虚线边缘的框。

在 PowerPoint 2010 中，只需要在占位符中进行单击，使其进入编辑状态即可输入文本。

2. 在文本框中输入

若要在文本框中输入文本内容，选择"插入"选项卡，单击"文本框"的下拉按钮，选择其中一个选项，在幻灯片中拖动鼠标即可绘制相应的文本框，然后就可以输入文本了。

2. 如何给 PPT 设置漂亮的背景？

步骤说明	如图所示
打开 PowerPoint 演示文稿，在菜单栏上单击_____选项卡	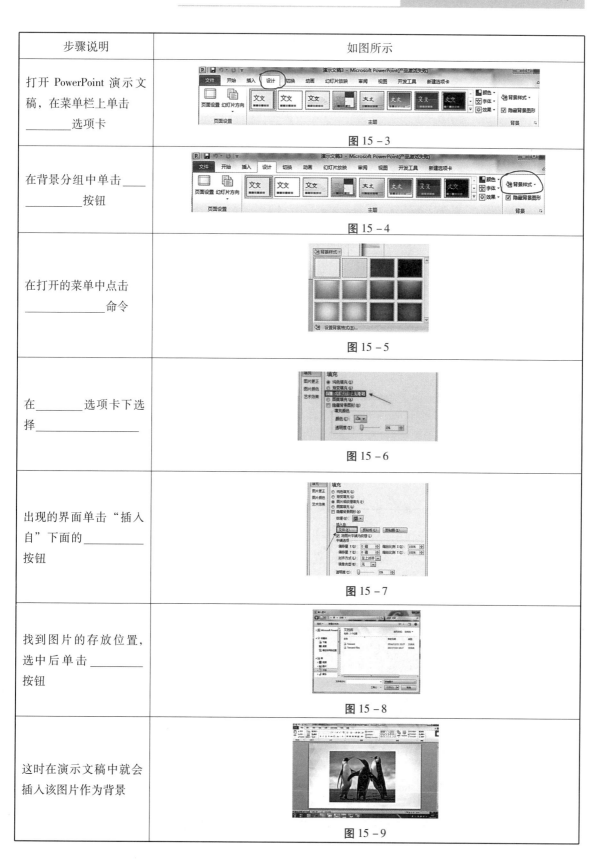图 15 – 3
在背景分组中单击_____按钮	图 15 – 4
在打开的菜单中点击_____命令	图 15 – 5
在_____选项卡下选择_____	图 15 – 6
出现的界面单击"插入自"下面的_____按钮	图 15 – 7
找到图片的存放位置，选中后单击_____按钮	图 15 – 8
这时在演示文稿中就会插入该图片作为背景	图 15 – 9

提示

纯色填充

透明度是颜色的透明效果。

渐变填充

选择"渐变填充"单选按钮，利用激活的各个选项，可以使用系统内置的样式，进行各种效果的设置。

预设颜色：可在提供的颜色中选择。

类型：指定渐变填充时使用的方向。

角度：可指定在形状内旋转渐变填充的角度。

光圈列表：可选择要编辑的渐变光圈。

3. 幻灯片的版式有哪些，常用的有哪几种？

提示

应用幻灯片主题

选择"设计"选项卡，单击主题的下拉按钮，选择要应用的主题样式，可以选择"应用于所有幻灯片""应用于选定幻灯片""设置为默认主题""添加到快速访问工具栏"，以上选项根据自己的需要选择即可。

应用主题颜色

利用"颜色""字体""效果"的下拉菜单及"新建主题颜色""新建主题字体"等，可以进行个性化设置。

4. 通过教师演示、讲解和引导，学习使用 PowerPoint 的各种功能，熟练掌握幻灯片文字内容的输入与编辑、字符格式和段落格式的设置方法，完成如图 15 - 10 所示饮料广告策划演示文稿的制作。

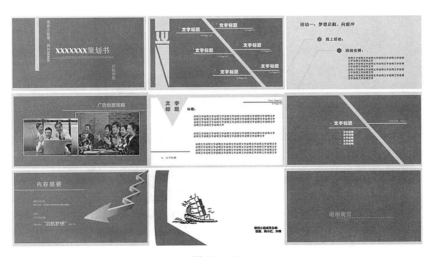

图 15 - 10

5. 制作 15 – 10 所示的 PPT 你们用了哪些技巧？遇到了什么困难？如何解决的？

6. 如何快速在幻灯片中设置文本的字符格式和段落格式？

查询与收集
1. 设置版式或主题后出来的效果一样吗？要特别注意什么操作？
2. 对于添加文本，有什么最快捷的操作？应该如何完成？

拓展提高
班里有几位同学要过集体生日，发挥个人想象，结合色彩、插图等功能的运用，充分利用有限资源设计出图文并茂的个性化 PPT 作品。

操作要求
（1）收集资料。
（2）准备各种贺词、图片。
（3）设计动画及自定义动画。
（4）每页幻灯片都有不同的动画和声音效果。

评价反馈：

任务 2　制作、编辑饮料广告策划演示文稿		
评价项目	分值	得分
1. 学会新建 PowerPoint 演示文稿的基本操作	2	
2. 学会复制和移动 PowerPoint 演示文稿的操作	3	
3. 学会 PowerPoint 演示文稿的背景设置操作	3	
4. 遵守管理规定及课堂纪律	1	
5. 学习积极主动、勤学好问	1	
教师评价（A、B、C、D）：		

学习总结：

任务 3　制作、编辑新产品营销方案演示文稿

学习目标：

1. 通过小组讨论、任务引导，学会使用 PowerPoint 2010 在幻灯片中添加艺术字、批注等，能够对幻灯片进行一定的美化操作。

2. 能够根据工作页的要求，完成新产品营销方案演示文稿的制作。

建议学时： 2 学时。

学习准备：

计算机一体化教学环境（齐全的多媒体设备，师生每人一台电脑）、课件、素材、工作页。

学习过程：

👆 **引导问题**

1. 如何使用 PowerPoint 2010 的功能制作出图文并茂的幻灯片？

你还在为 PowerPoint 演示文稿图文编排而苦恼吗，看看下面的实例，让你告别没有好看的 PPT 版式的烦恼。本实例主要对图片进行处理。

（1）图形任意剪。

PowerPoint 2010 有了"组合形状"功能，你也可以快速建立自己的任意图形。

注意：PPT 自定义工具栏里并没有"组合形状"选项，需要你自行设置方可显示，可通过文件菜单下的选项工具完成，如图 15 – 11 所示。

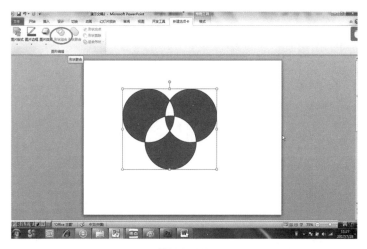

图 15 – 11

（2）图像效果强。

制作 PPT 的时候，除了文字上的操作，更多的还是图片处理。PowerPoint 2010 的图像处理整合了很多 Photoshop 的功能，使用起来非常简单，还可以自行调节图像处理效果的强弱。图 15 – 12 即是使用图片格式中的"艺术效果"得到的效果。

图 15 – 12

（3）背景随意抠。

PowerPoint 2010 的抠图功能已经不再是以前版本里简单的"去掉背景色"了，它能去掉复杂的背景色，功能也更加完备。图 15 – 13 即是使用了图片格式中的删除背景工具得到的效果。

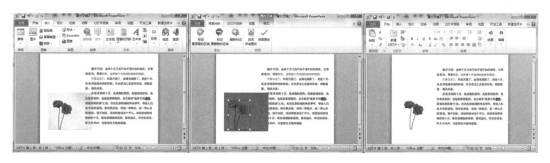

图 15 – 13

2. 如何快速在幻灯片中进行风格统一的美化设置操作？

提示

使用 PowerPoint 2010 创建演示文稿的时候，可以通过使用主题功能来快速美化和统一每一页幻灯片的风格。

在"设计"选项卡主题选项组中单击"其他"按钮打开主题库，在主题库当中可以非常轻松地选择某一个主题。将鼠标移动到某一个主题上，可以实时预览到相应的效果。单击某一个主题，就可以将该主题快速应用到整个演示文稿当中。

如果对主题效果中的某一部分元素不够满意，可以通过颜色、字体或者效果进行修改。可以单击颜色按钮，在下拉列表当中选择一种自己喜欢的颜色。

如果对自己选择的主题效果满意的话，还可以将其保存下来，以供以后使用。在主题选项组中单击"其他"按钮，执行"保存当前主题"命令。

3. 通过教师演示、讲解和引导，学习操作 PowerPoint 2010 的各种功能，熟练掌握在幻灯片中添加艺术字、批注的操作方法，并学习对幻灯片进行相应的美化设置的操作。

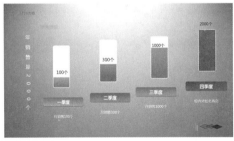

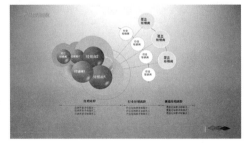

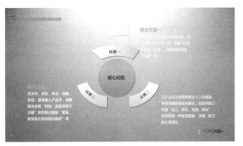

图 15 – 14

4. 完成图 15 – 14 所示的 PPT 你们用了哪些技巧？遇到了什么困难？如何解决这些困难？

查询与收集

对于幻灯片切换，有什么最快捷的方式？说说你是如何操作的。

拓展提高

为个人简历介绍设计一个 PPT，要求不少于五页，内容自定，每页要有不同的效果。

操作要求

（1）收集资料。

（2）准备图片。

（3）设计动画及自定义动画。

（4）每页幻灯片都有不同的动画和声音效果。

评价反馈：

任务 3 制作、编辑新产品营销方案演示文稿		
评价项目	分值	得分
1. 掌握幻灯片版式和主题设计操作	2	
2. 掌握幻灯片切换效果设置	3	
3. 学会选择幻灯片放映方式的操作	3	

（续上表）

任务3　制作、编辑饮料广告策划演示文稿		
评价项目	分值	得分
4. 遵守管理规定及课堂纪律	1	
5. 学习积极主动、勤学好问	1	
教师评价（A、B、C、D）：		

学习总结：

_____

_____

_____

任务4　制作、编辑公司年度汇报总结演示文稿

学习目标：

1. 通过小组讨论、任务引导，学会使用 PowerPoint 2010 在幻灯片中绘制、修改、美化形状，使用和编辑 SmartArt 图形，掌握插入、编辑、压缩图片等操作方法。

2. 能够根据工作页的要求，完成公司年度汇报总结演示文稿的制作。

建议学时：　2 学时。

学习准备：

计算机一体化教学环境（齐全的多媒体设备，师生每人一台电脑）、课件、素材、工作页。

学习过程：

☞引导问题

1. 在 PowerPoint 中，如何设置幻灯片中的图片背景透明化？

（1）打开 PowerPoint 2010 软件，点击"插入"→"图片"→"来自文件"，选择本地磁盘中需要进行透明化处理的图片，点击"插入"，如图 15 – 15、15 – 16 所示，图片就插入 PPT 文件中了。

图 15 – 15

图 15 – 16

（2）点击"图片"工具栏的"设置透明色"工具，在图片背景处单击一下，白色背景马上变透明，效果如图 15 – 17 所示。

图 15 – 17

2. 通过教师演示、讲解和引导，学习使用 PowerPoint 的各种功能，熟练掌握在幻灯片中绘制、修改、美化形状，使用和编辑 SmartArt 图形，插入、编辑、压缩图片等的操作方法。

本节实训可以通过百度搜索一些比较新颖时尚的有关公司年度汇报总结的 PPT 模板进行模拟练习，幻灯片页数控制在 10 页左右。推荐下载 PPT 模板的网站：觅知网、包图网、素材在线。

3. 是否可以将幻灯片中的其他对象转换为图形？

4. 如何让 PPT 中的数据看起来更生动？（提示：数据转换图形可视化效果）

5. 网上下载的模板背景改不了，怎样才能修改 PowerPoint 演示文稿中的背景图片呢？（提示：母版工具）

提示

　修改幻灯片母版的目的是进行全局更改，并使该更改应用到演示文稿中的所有幻灯片。

　通常可以使用幻灯片母版进行下列操作：更改字体或项目符号，插入要显示在多个幻灯片上的艺术图片（如徽标），更改占位符的位置、大小和格式。

　若要查看幻灯片母版，请显示母版视图。可以像更改任何幻灯片一样更改幻灯片母版，但要记住母版上的文本只用于样式，实际的文本（如标题和列表）应在普通视图的幻灯片上键入，页眉和页脚应在"页眉和页脚"对话框中键入。

查询与收集

1. 我们通常有这样的担心：在一台电脑上制作好的演示文稿，复制到另一台电脑上播放时，可能由于两台电脑安装的字体不同，从而影响了演示文稿的播放效果。那么，能不能将自己设置的字体"一并带走"呢？

2. 在一台电脑上制作好的演示文稿，复制到另一台电脑上播放时，由于另一台电脑没有安装 Office 办公软件而无法播放，面对这一问题，你该怎么办？

拓展提高

制作一个重点突出、形式活泼、图文并茂、动静结合的"我们的校园"PPT。

操作要求

（1）收集资料，幻灯片不少于 10 页，版面合理、图文并茂。

（2）其中第一页幻灯片显示主题和 3～4 个标题，并能和各标题幻灯片链接。

（3）第二页幻灯片开始介绍各标题的内容，每个标题用 2～3 张幻灯片介绍学校一个方面的内容，其中第一页为标题幻灯片。

（4）在幻灯片开头播放校歌作为背景音乐。

评价反馈：

任务4　制作、编辑公司年度汇报总结演示文稿		
评价项目	分值	得分
1. 掌握母版的基本操作	2	
2. 掌握添加幻灯片内容的操作	3	
3. 学会制作相册 PPT	3	
4. 遵守管理规定及课堂纪律	1	
5. 学习积极主动、勤学好问	1	
教师评价（A、B、C、D）：		

学习总结：

_____

_____

_____

任务5　制作、编辑产品宣传画册演示文稿

学习目标：

1. 通过小组讨论、任务引导，学会使用 PowerPoint 在幻灯片中添加、编辑动画和制作路径动画，设置循环播放和更改动画播放顺序，设置和编辑幻灯片切换动画等操作方法。

2. 能够根据工作页的要求，完成产品宣传画册演示文稿的制作。

建议学时： 2 学时。

学习准备：

计算机一体化教学环境（齐全的多媒体设备，师生每人一台电脑）、课件、素材、工作页。

学习过程：

引导问题

1. 如何使用 PowerPoint 2010 的功能制作出动态幻灯片？

提示

　　为幻灯片创建动画效果，可以使静态的演示文稿变为动态的。在添加动画效果时，可以为每页幻灯片添加动画，也可为整个幻灯片创建动画效果。

　　打开"动画"菜单选项卡，点击"自定义动画"，在"自定义动画"任务空格中，各设置选项功能如下：

　　（1）在幻灯片中选择添加动画效果的对象，单击"动画"组中的"效果选项"按钮，在打开的下拉列表中选择相应的选项可以对动画的运行效果进行修改，如图 15－18 所示。

图 15－18

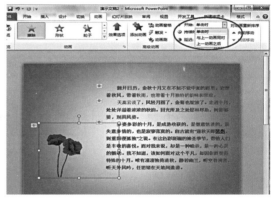

图 15－19

　　（2）在"动画"选项卡的"计时"组中单击"开始"下拉列表上的下三角按钮，在打开的下拉列表中选择动画开始播放的时间，如图 15－19 所示。

　　注意：点击"开始"下拉列表框中的选项设置动画开始播放的时间，选择"单击时"选项，只有在单击鼠标时动画才会开始播放；选择"与上一个动画同时"选项，则动画会与上一个动画同时开始；选择"上一动画之后"选项，则动画会在上一个动画完成后开始。

　　（3）在"计时"组的"持续时间"微调框中输入时间值可以设置动画的延续时间，时间的长短决定了动画演示的速度。在"延迟"微调框中输入数值可以设置动画延迟时间，如图 15－20 所示。

2. 设置幻灯片切换时，能否设置自动换片时间？演示文稿的动画是否可以自定义动画路径？你能写出方法和步骤吗？

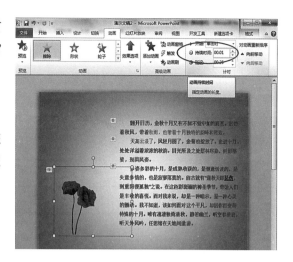

3. 幻灯片中的超链接是怎么做出来的？怎样修改超链接的字体颜色？超链接怎样返回，以及怎么去掉超链接的下画线？

图 15－20

提示

PPT 超链接怎么做

　　PPT 超链接分为很多种，比如链接到现有文件或网页、链接到本文档中的指定位置等，这里以链接到网页为例讲解，其他类型的链接方法类似。选中需要插入超链接的那页 PPT，在合适的位置插入文本框并输入文字，选中这些文字，单击鼠标右键，在弹出的菜单中选择"超链接"选项。此时会弹出一个"插入超链接"对话框，我们在"链接到"下面选择"现有文件或网页"，在地址栏中输入要链接到的网址，然后单击"确定"按钮即可。

如何修改 PPT 超链接字体颜色

　　选中已有超链接的文字，切换到"设计"选项卡，选择"变体"组中"颜色"组下的"自定义颜色"命令。此时会弹出一个"新建主题颜色"对话框，看到"主体颜色"一栏中下面有"超链接"和"已访问的超链接"两项，大家可以根据自己的需要选择不同的颜色，完成之后单击"保存"按钮即可。

　　下面两个设置你能自己试试吗？

　　（1）超链接怎么返回？

　　（2）如何去掉超链接的下画线？

4. 通过教师演示、讲解和引导，学习使用 PowerPoint 2010 的各种功能，熟练掌握在幻灯片中添加、编辑动画和制作路径动画，设置循环播放和更改动画播放顺序，设置和编辑幻灯片切换动画等的操作方法。本节实例可以通过百度搜索一些比较新颖时尚的有关产品宣传的 PPT 模板进行模拟练习，幻灯片页数控制在 10 页左右。例如，2015WWDC 苹果发布会的宣传 PPT。（可在百度文库中搜索）

查询与收集

1. 如何在 PPT 中链接外部图片？

2. 怎样设置 PPT 双屏显示，使讲演者看到备注，而观众看不到？

拓展提高

"夜空中最亮的星，能否听清，那仰望的人"，耳边环绕着这首歌，大家有没有觉得很熟悉呢？小时候总希望能摘下夜空中的星星，却只能想象。PPT 就能帮你实现儿时的梦想，用 PPT 来制作夜空中闪烁的星星吧。

评价反馈：

任务 5　制作、编辑产品宣传画册演示文稿		
评价项目	分值	得分
1. 掌握动画设置的操作方法	2	
2. 掌握超链接设置的操作方法	3	
3. 学会演示文稿的发布与打包方法	3	
4. 遵守管理规定及课堂纪律	1	
5. 学习积极主动、勤学好问	1	
教师评价（A、B、C、D）：		

学习总结：